马克笔时装效果图 手绘实例

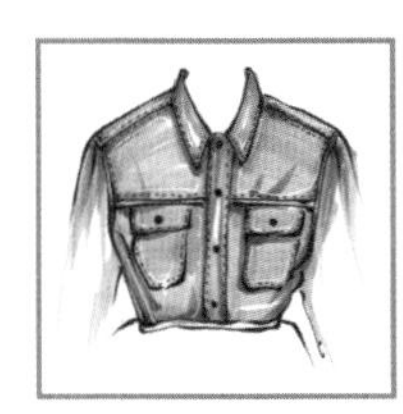

麓山手绘 编

化学工业出版社

·北 京·

本书分为七章，第 1 章时装画基础，内容包括时装画简介、时装画作品赏析、绘画工具和马克笔手绘技法表现；第 2 章时装画人体，分别介绍了人体的比例结构、人体动态表现、面部五官以及四肢的绘制等内容；第 3 章时装款式图，主要介绍了女装、童装和男装的服装款式图的绘制方法以及款式图的设计等内容；第 4 章时装配饰质感表现，分别介绍了围巾、帽子、包和鞋的款式设计以及上色的质感表现等；第 5 章女装款式，分别介绍了春夏和秋冬的服装款式表现；第 6 章男装款式，分别介绍了春夏和秋冬的服装款式表现；第 7 章童装款式，分别介绍了春夏和秋冬的童装款式表现技法。

本书适合专业院校的学生、时装初学者以及时装设计爱好者阅读。

图书在版编目（CIP）数据

马克笔时装效果图手绘实例 / 麓山手绘编．—北京：化学工业出版社，2018.5
ISBN 978-7-122-31839-8

Ⅰ．①马…　Ⅱ．①麓…　Ⅲ．①服装款式－款式设计
Ⅳ．① TS941.2

中国版本图书馆 CIP 数据核字（2018）第 058390 号

责任编辑：项　潋　张兴辉　　　美术编辑：王晓宇
责任校对：边　涛　　　装帧设计：芊晨文化

出版发行：化学工业出版社（北京市东城区青年湖南街 13 号　邮政编码 100011）
印　　装：北京新华印刷有限公司
710mm×1000mm　1/16　印张 13　字数 216 千字　2018 年 8 月北京第 1 版第 1 次印刷

购书咨询：010-64518888（传真：010-64519686）　　售后服务：010-64518899
网　　址：http://www.cip.com.cn
凡购买本书，如有缺损质量问题，本社销售中心负责调换。

定　　价：69.80 元

前言

手绘是学习服装设计的基本需要，学习时装效果图的绘制首先就要深入了解时装画中人体的比例结构、动态表现，其次掌握不同的绘画技法。时装画不仅需要展现服装的整体特点，更加需要了解不同的时装质感的绘制技法。本书是一本帮助时装手绘初学者以及爱好者有效地掌握时装画的表现技法、提高时装造型表现能力的书籍。

本书分为七章，第1章时装画基础，内容包括时装画简介、时装画作品赏析、绘画工具和马克笔手绘技法表现；第2章时装画人体，分别介绍了人体的比例结构、人体动态表现、面部五官以及四肢的绘制等内容；第3章时装款式图，主要介绍了女装、童装和男装的服装款式图的绘制方法以及款式图的设计等；第4章时装配饰质感表现，分别介绍了围巾、帽子、包和鞋的款式设计以及上色的质感表现等；第5章女装款式，分别介绍了春夏和秋冬的服装款式表现；第6章男装款式，分别介绍了春夏和秋冬的服装款式表现；第7章童装款式，分别介绍了春夏和秋冬的童装款式表现技法。

本书全面展示了时装效果图手绘的学习过程，从时装人体到时装款式进行了详细的分析讲解，从马克笔的工具介绍、马克笔的技法表现，到时装人体比例、动态、五官方向进行讲解，再到款式、配饰线条绘制以及质感表现，最后完整的时装范例等多方面解析时装效果图的特点。

作者精心挑选每一张图片，用心绘制每一张画面，仔细编写每一段文字，都是为了给读者呈现更好的时装学习书籍。本书作者有多年从事时装设计和流行趋势研究的工作经验，能够更加完美地展示出贴近时尚款式的时装手绘效果图，给读者呈现一个精彩的时尚世界。本书作者结合丰富的手绘经验对时装画进行了详细分析，通过多方面的范例详细说明了绘画的方法和技法，直击绘画核心，提供正确的绘画知识，从而使读者能够更加轻松地掌握时装画的技法和方法。

本书从人物造型、服装款式绘制、配饰表现以及女装、男装和童装等方面进行详细讲解，逐步培养初学者对时装人体以及款式的综合认知；进一步讲解了时装画艺术表现形式的时尚流行趋势，能够帮助读者在短时间内快速掌握时装画技法。

本书适合专业院校的学生、时装初学者以及时装设计爱好者阅读。

编者

2018年3月

目录
contents

第1章 时装画基础

第2章 时装画人体

目 录
contents

目 录
contents

第 4 章 时装配饰质感表现

第 5 章 女装款式

目　录
contents

目 录
contents

第1章 时装画基础

时装画是以绘画作为基本手段，通过丰富的艺术处理方法来体现服装设计的造型和整体气氛的一种艺术形式。

1.1 | 时装画简介

时装画早期是作为服装设计师设计时装手稿的一种表现形式，到如今已经成为一种插画艺术，设计师用时装画展现设计灵感，插画师用时装画表达艺术审美。随着绘画工具的不断创新，时装画的技法也不断丰富起来，一张作品里面会使用多种绘画工具来表现画面效果。

1.2 时装画作品赏析

在现在的时装画里，作品的风格也各不一样，通常分为写实风格与装饰风格。写实风格更加适合服装设计，设计师通过写实风格的效果来直观地感受服装的款式以及细节表现；装饰风格的时装画更加偏向于插画艺术，画面颜色非常丰富，不局限于对时装的细节把握，更多地表达画面的色彩效果。

写实风格

装饰风格

1.3 绘画工具

不同的绘画工具有着不用的特性，想要将其特征充分发挥出来，就需要采用相应的表现手法和其他工具进行辅助。

马克笔

马克笔色泽艳丽，色彩透明度高，使用快速便捷，是最受设计师青睐的绘画工具之一。想要掌握马克笔的绘画方法，需要充分了解马克笔的特征并且熟练掌握。

本书中运用到的是千彩乐软头双笔头马克笔，这种马克笔一头是宽头，一头是软头，软头笔尖的色彩过渡自然，笔触变化更多、更灵活；宽头笔尖更加适合大面积的铺色。

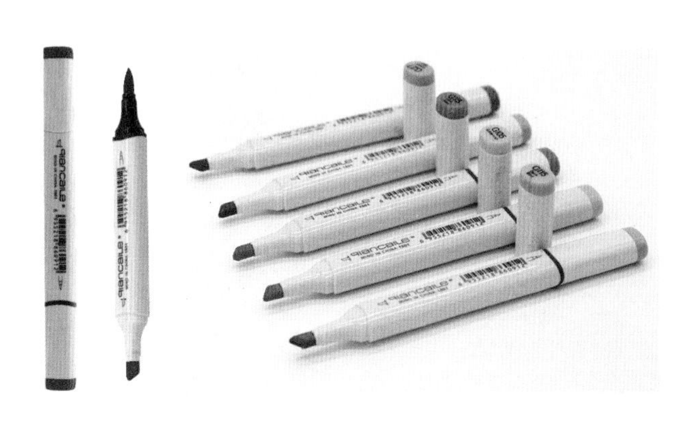

本书用到的马克笔颜色

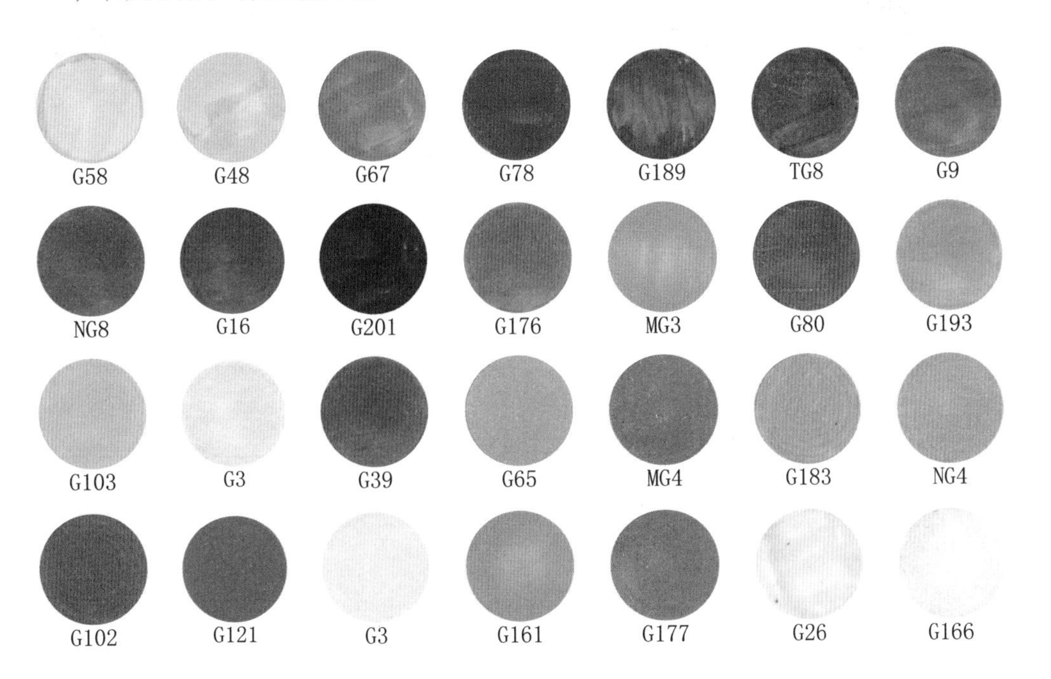

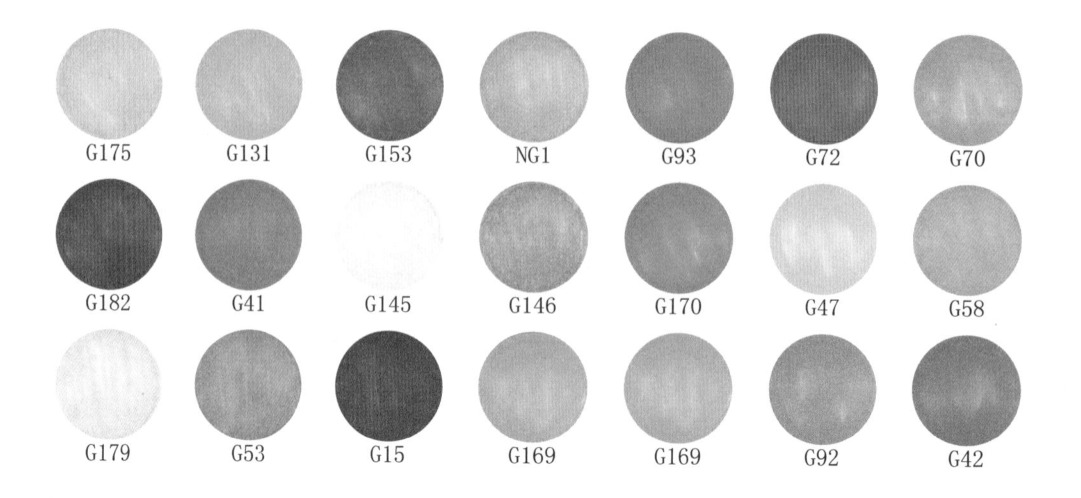

自动铅笔

在绘制时装时还要用到自动铅笔，自动铅笔是绘制非常准确并且富于变化的绘图工具，用自动铅笔可以画出精密的线条和准确的时装细节。

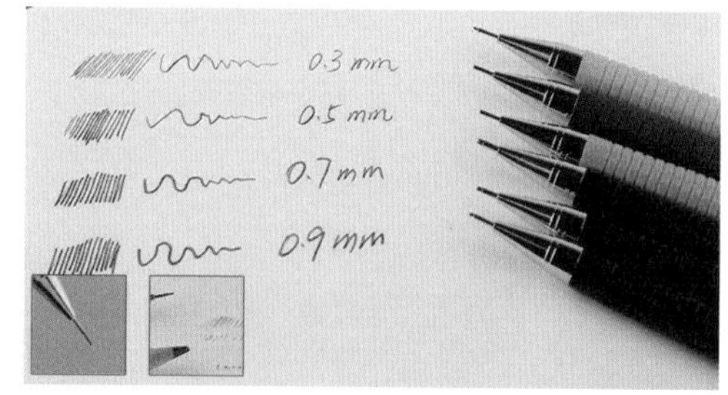

橡皮

绘制时装画时，选择质地较软的专业绘画橡皮，能够更加快速地清理画面。

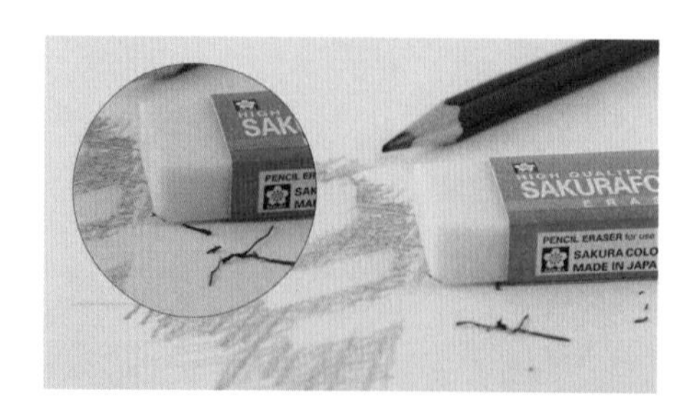

纸张

由于马克笔的墨水渗透力较强，如果纸张太薄，墨水会很容易就渗透到画纸背面，因此要采用专业马克纸。专业马克纸背面有一层光滑的涂层，可以防止墨水渗透。

勾线笔

勾线笔可以起到肯定轮廓、强调结构转折以及描绘细节的作用，通过对笔尖的控制，可绘制灵活多变的线条。

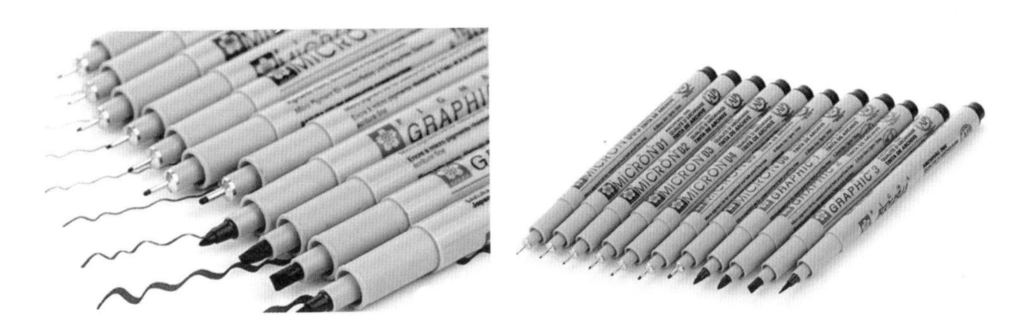

纤维笔

纤维笔可以画出极细的线条，可以表现线条的粗细变化，还可以进行小面积的染色，用于绘制人物面部等细节十分方便。

高光笔

由于马克笔很难控制亮面的留白，这就需要用到高光笔进行画面的留白处理。高光笔是一种覆盖力很强的油漆笔。

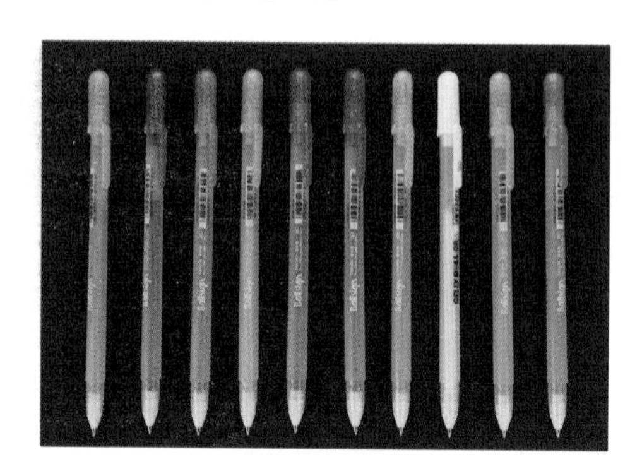

1.4 马克笔手绘技法表现

马克笔绘制画面虽然便捷、高效，但是局限比较明显，马克笔的笔触变化较少，混色效果比较弱，无法调出更多的色彩，想要表现丰富的画面效果，对笔触的控制非常重要。

1.4.1 基本手绘技法表现

想要画出丰富多变的画面效果，就要掌握好马克笔的基本绘画技法。在绘画过程中，将笔尖侧转、斜立、直立等变化，都能得到不同的笔触变化。采用平涂、排线、叠色、渐变、勾勒的方式，配合不同的力度和速度，笔触就会更加丰富多变。

平涂

叠色

渐变

勾勒

1.4.2 服饰质感表现

马克笔在表现面料图案方面有一定的优势，其宽头笔尖能够便捷、准确地绘制出图案的形状与轮廓，但是在表现面料质感和细微变化及纹理方面，马克笔有一定的局限性，需要依靠勾线的方法表现。

薄纱

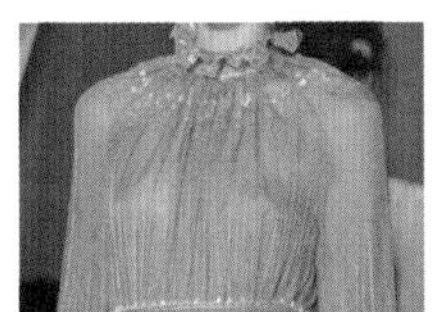

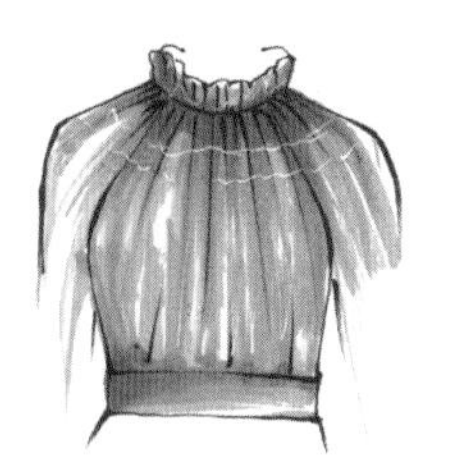

条纹

格纹

波点图案

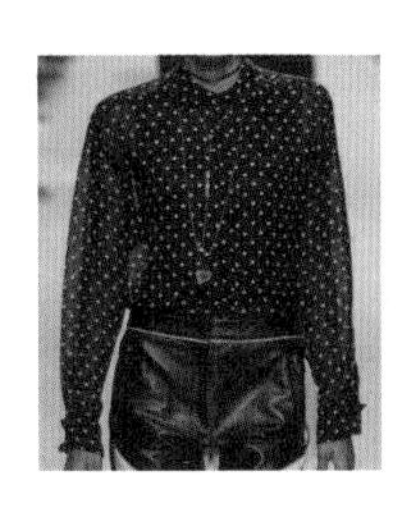

灯芯绒

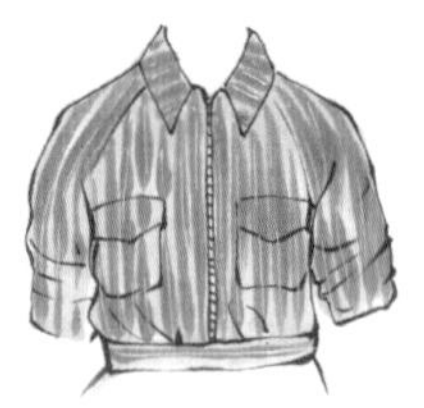

蕾丝

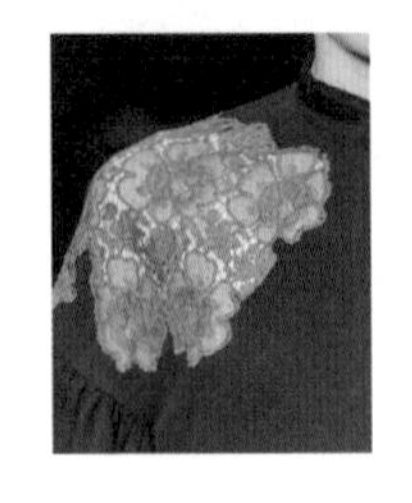

花卉

印花

针织

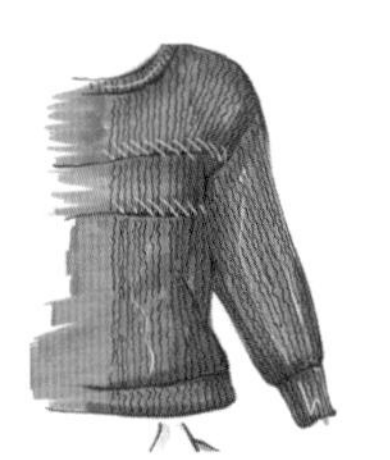

牛仔

皮革

皮草

第 2 章
时装画人体

人体绘制是时装画绘制中的重点，也是时装画学习的难点。绘制时装画的第一步就是掌握人体比例、动态以及面部、人体的结构。

2.1 人体比例

时装画中的人体与现实中的人体比例相比，是美化了的理想人体。在时装画中，一般儿童人体：身体长：头长 =6 ：1，四肢短胖；女性人体：身体长：头长 =9 ：1，肩部与臀部较宽且腰部明显内收；男性人体：身体长：头长 =9 ：1，肩宽大于臀宽，外轮廓呈现倒三角形。

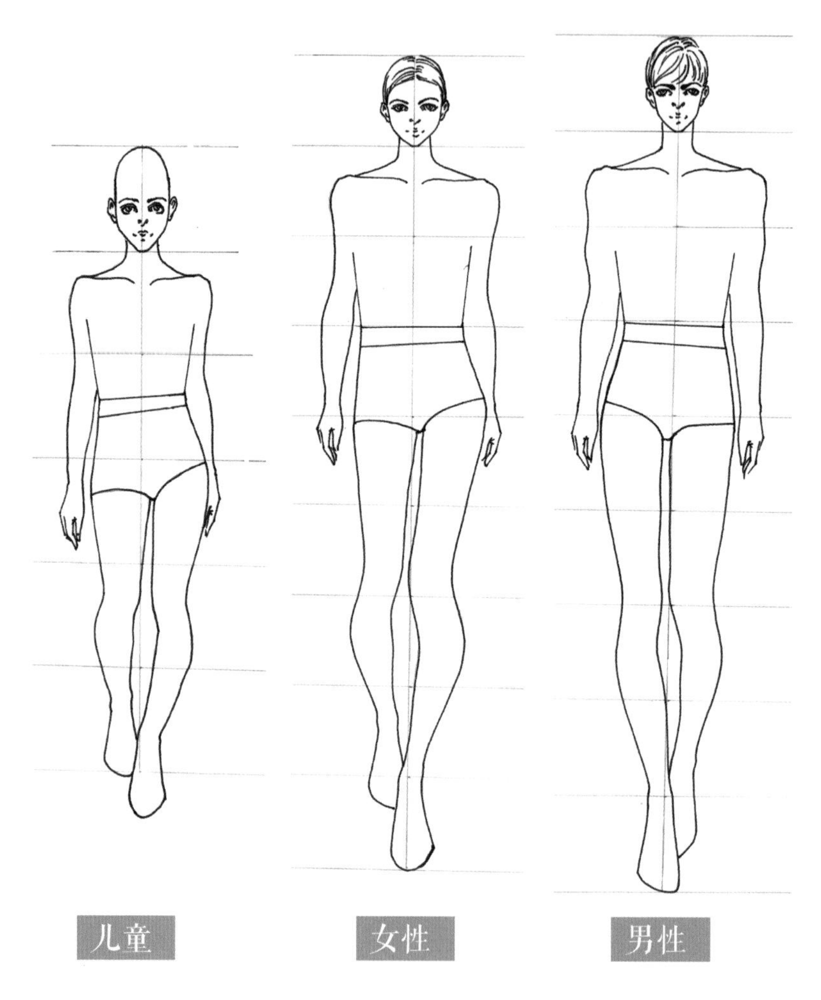

2.2 人体动态

在时装画中，人体的动态是为了更好地展示服装效果。人体动态的体态多变，尤其是复杂的透视和多角度的透视问题，但是在时装画中，只要掌握一些常用的站立姿动态和行走的动态即可。

站姿

站姿是时装画绘制时最常用的动态之一，胸腔和臀部是站立动态的重难点，由于腿部没有行走的动态，不会产生太大的透视变化。

绘制要点：
·人体站立时，重心的把握。

绘画工具
1. 自动铅笔
2. 橡皮
3. 黑色勾线笔

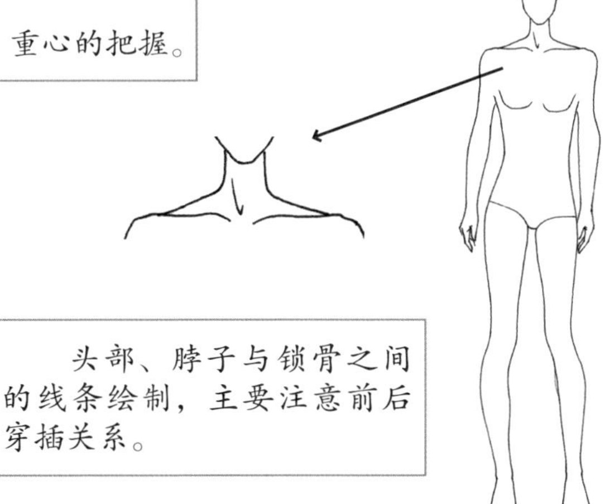

头部、脖子与锁骨之间的线条绘制，主要注意前后穿插关系。

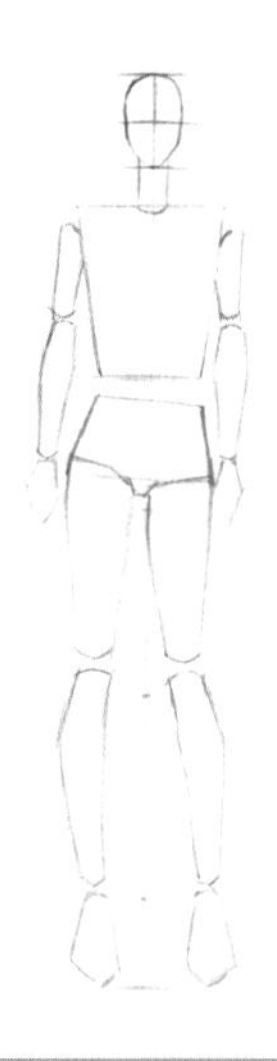

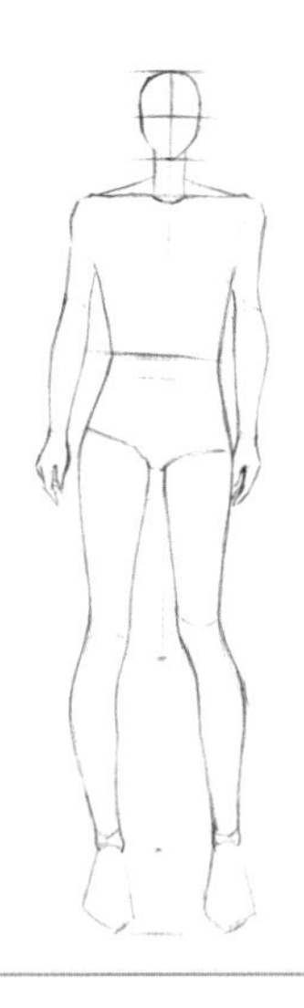

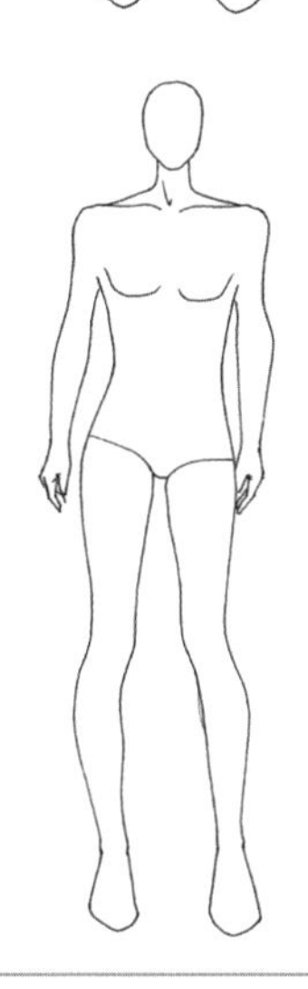

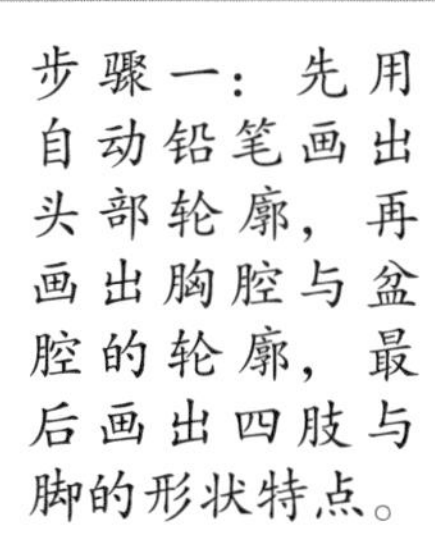

步骤一：先用自动铅笔画出头部轮廓，再画出胸腔与盆腔的轮廓，最后画出四肢与脚的形状特点。

步骤二：在步骤一的基础上，细致刻画四肢的轮廓线条，注意手肘与膝盖位置线条的转折处理。

步骤三：用黑色勾线笔覆盖铅笔的轮廓形状，再擦除多余的杂线。

走姿

走姿也是时装画中常用的人体动态，这种动态能够凸显臀部的特点，展现女性身体的曲线美。

绘制要点：
·腰部与胯部之间线条的绘制。

绘画工具
1. 自动铅笔
2. 橡皮
3. 黑色勾线笔

绘制腰部与胯部线条时，要注意线条的起伏变化处理。

人体走动时产生的动态，脚部也会出现前后空间变化。

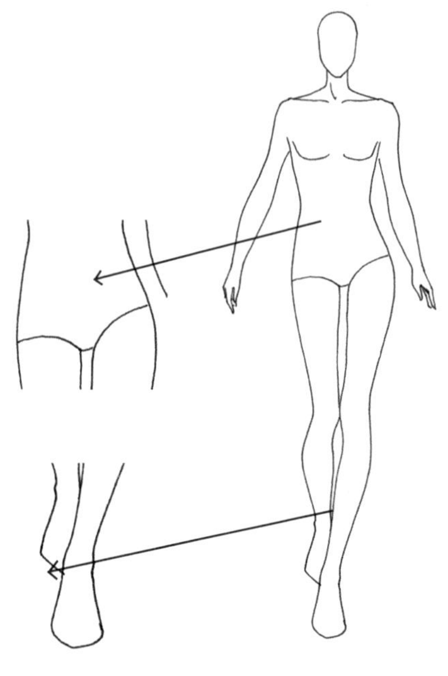

步骤一：先用自动铅笔画出头部的外轮廓，再画出胸腔和盆腔的动态线条，最后绘制走动时的腿部以及摆动的手臂特点。

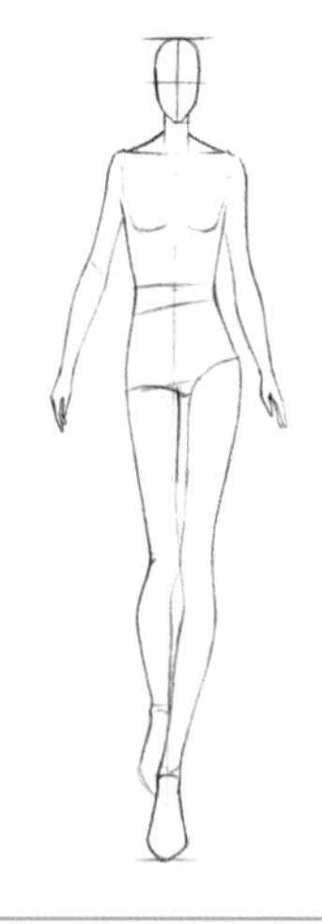

步骤二：在步骤一的基础上，细致刻画腰部、臀部连接腿部的外轮廓线条以及顺滑的手臂线条。

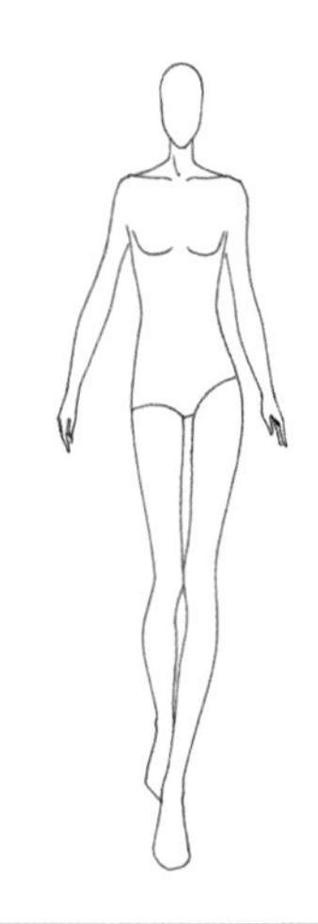

步骤三：用黑色勾线笔勾勒完整的外轮廓线条，擦除多余的铅笔线稿。

时装画常用动态范例

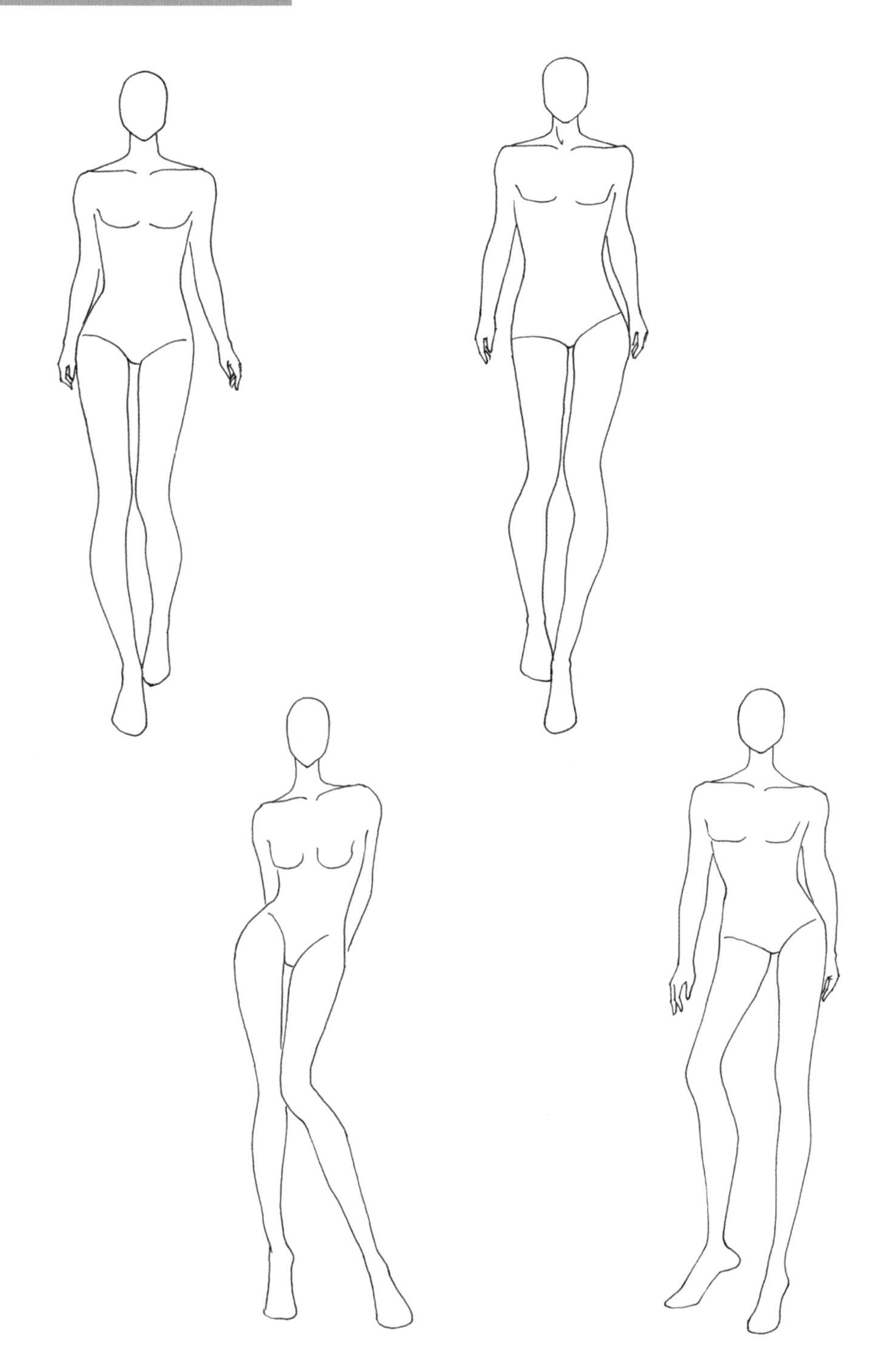

2.3 头部

在时装画中，头部能够展现模特的气质特点，是时装画绘制表现的重点。从正面观察，头部呈现上大下小的鹅卵形状，从侧面观察，头部是由面部和后脑两部分组成。

头部正面

中轴线左右两边对称，五官遵循“三庭五眼”的比例关系绘制，“三庭”是指将脸的长度分为三等份，由发际线到眉毛、眉毛到鼻底、鼻底到下颚；“五眼”是指以一只眼睛的长度为单位长度，将脸部最宽处分为五等份。

绘制要点：
· 面部五官的比例关系把握。

绘画工具
1. 自动铅笔
2. 橡皮

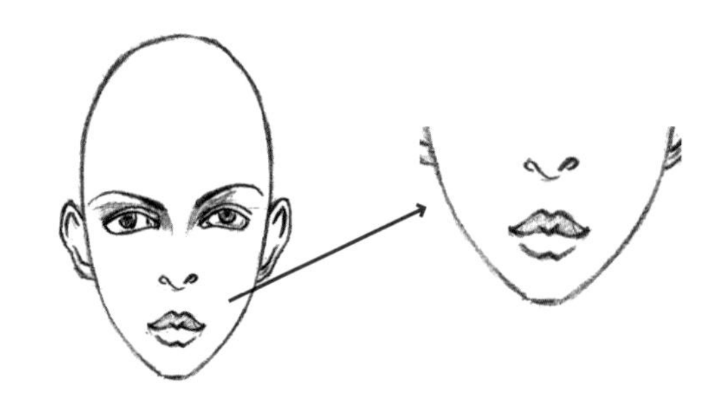

正面脸型的轮廓线条，从耳根到下巴的轮廓线条是正面头部绘制的重点。

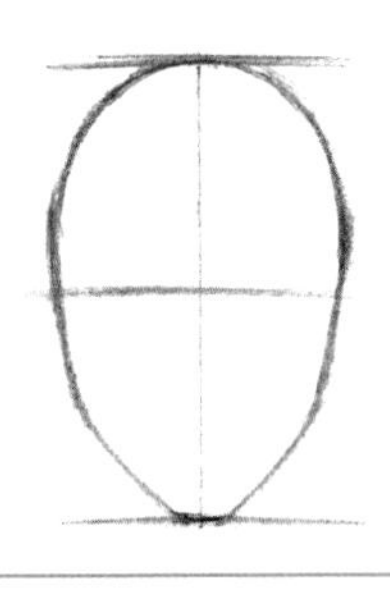

步骤一：先绘制头部的外轮廓线条，头顶曲线绘制饱满。

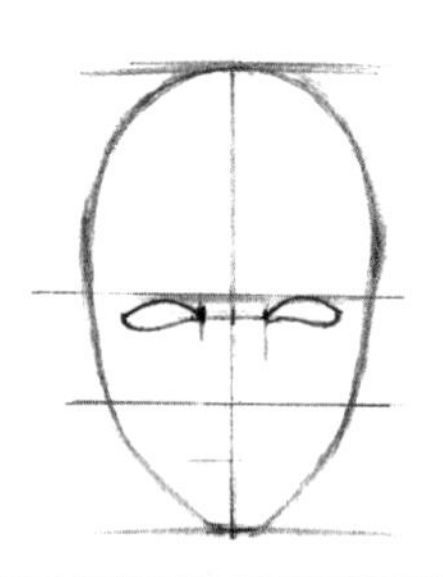

步骤二：画出“三庭五眼”的比例线条，再画出两眼的外轮廓线条。

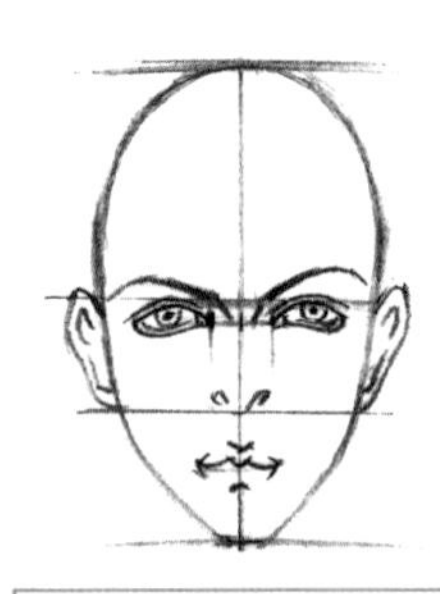

步骤三：在步骤二的基础上，画出眉毛、鼻子、耳朵和嘴巴的轮廓线条。

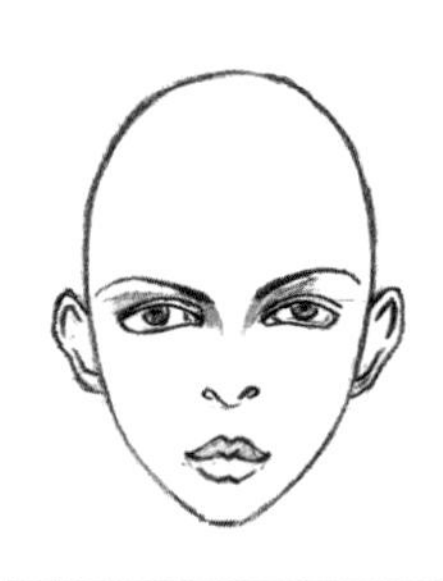

步骤四：细致绘制眼部的暗面表现，擦除多余的铅笔线稿。

头部侧面

侧面头部表现的难度比较大，五官不像正面呈现左右对称，而是根据头部转动产生的透视来绘制，所以，侧面头部绘制时找准透视非常重要。

绘制要点：
1. 头部产生的透视表现。
2. 面部五官的绘制。

绘画工具
1. 自动铅笔
2. 橡皮

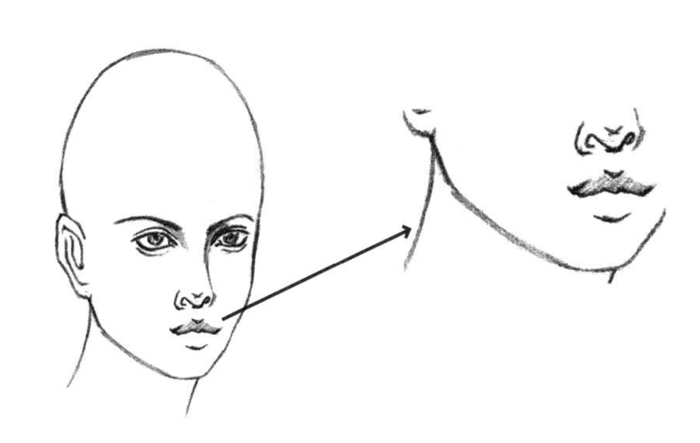

侧面头部的绘制，从侧面耳根到下巴的外轮廓线条要刻画准确。

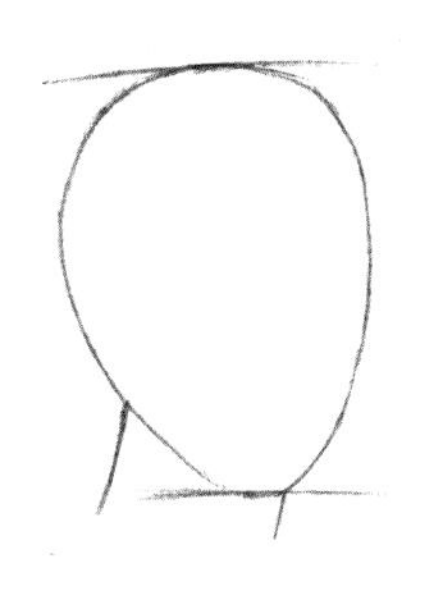

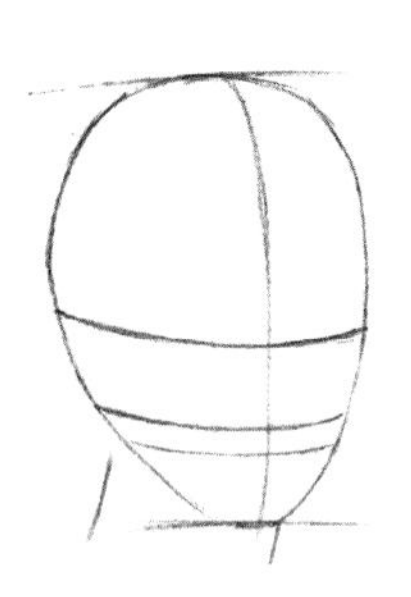

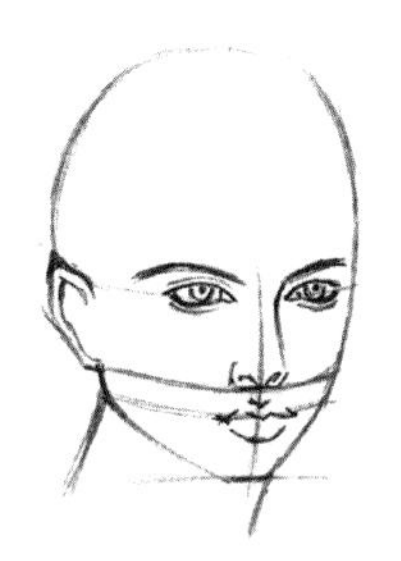

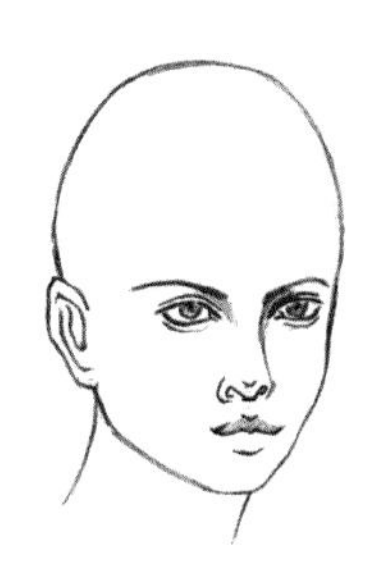

步骤一：用自动铅笔画出侧面头部的外轮廓线条。

步骤二：画出五官位置的透视线条。

步骤三：刻画面部五官的轮廓线条，注意比例关系。

步骤四：加深五官的轮廓颜色，擦除多余的铅笔杂线。

2.4 眼睛

眼睛是心灵的窗户，也是最能表现人物特点的部位，人物的精神面貌和神态都是通过眼睛传达出来。眼睛的外轮廓呈现橄榄形状，上、下眼睑的弧度以及内、外眼角的形状都有微妙的变化，在绘制眼睛的过程中，要将这些微妙的变化表现出来。

绘制要点：
· 内、外眼角的弧度绘制。

绘画工具
1. 自动铅笔
2. 橡皮

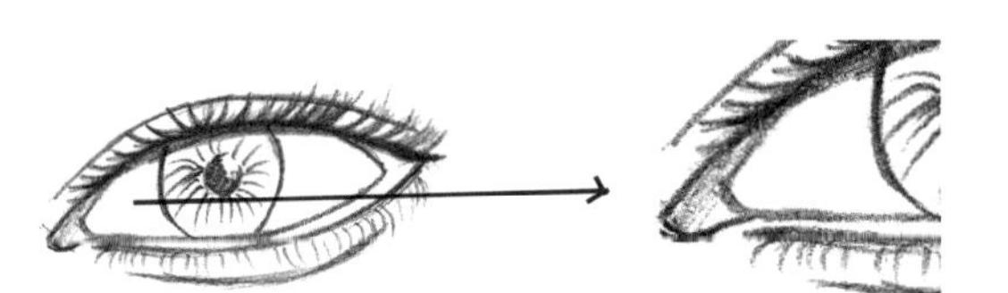

内、外眼角的前后穿插空间关系要仔细刻画。

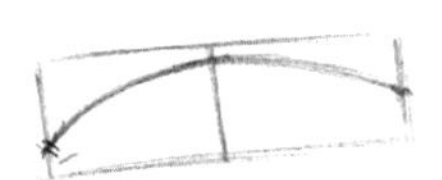

步骤一：画出一个长方形，再画出一条长弧线。

步骤二：刻画眼睛的大致轮廓线条，并画出眼珠。

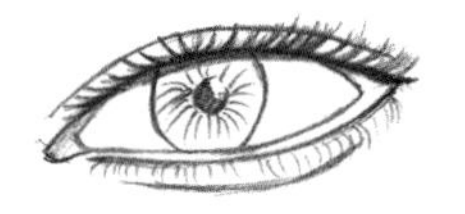

步骤三：加重上、下眼线，绘制瞳孔，再画出睫毛的形状。

多角度眼睛范例

2.5 鼻子

鼻子是面部体积感最强的五官，外部形状呈现梯形，但是在时装画中，鼻子的表现都只会简单地概括出来，只用简单地绘制鼻翼与鼻孔的线条。

绘制要点：
· 鼻翼与鼻孔的线条处理。

绘画工具
1. 自动铅笔
2. 橡皮

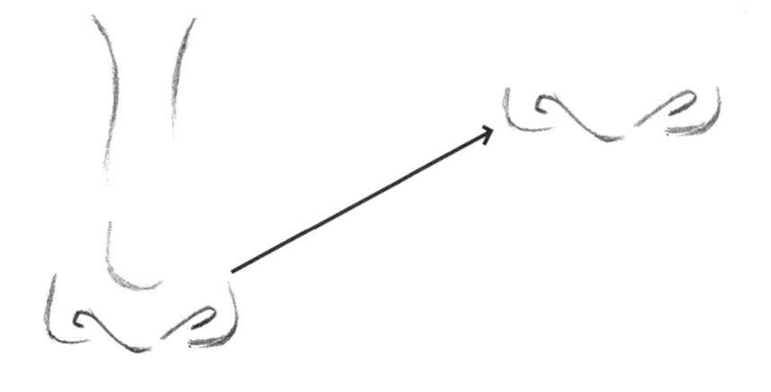

绘制鼻孔的线条时，注意鼻底与鼻孔的连接。

步骤一：用上窄下宽的梯形画出鼻子的大致外轮廓线条。

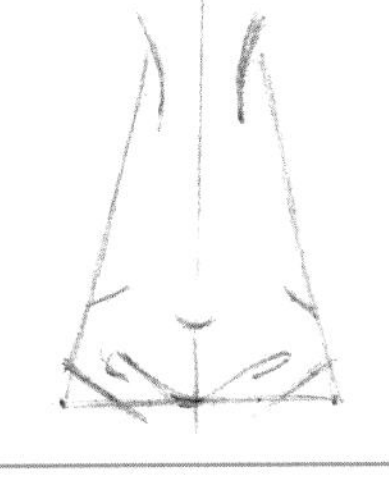

步骤二：画出鼻头的转折特点，区分鼻梁与鼻孔的特点。

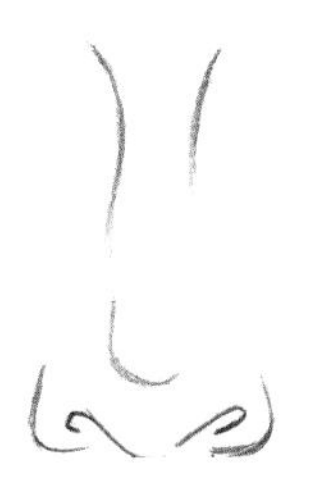

步骤三：细致刻画鼻梁与鼻孔的线条，擦除多余的杂线。

多角度鼻子范例

2.6 耳朵

耳朵位于面部的两侧，在绘制过程中可以简单概括。根据头部转动产生的透视，耳朵也会出现透视变化：当头部位于正面时，耳朵位于前侧面；当头部位于侧面时，耳朵位于正面。

绘制要点：
·耳轮廓内部线条的变化表现。

绘画工具
1. 自动铅笔
2. 橡皮

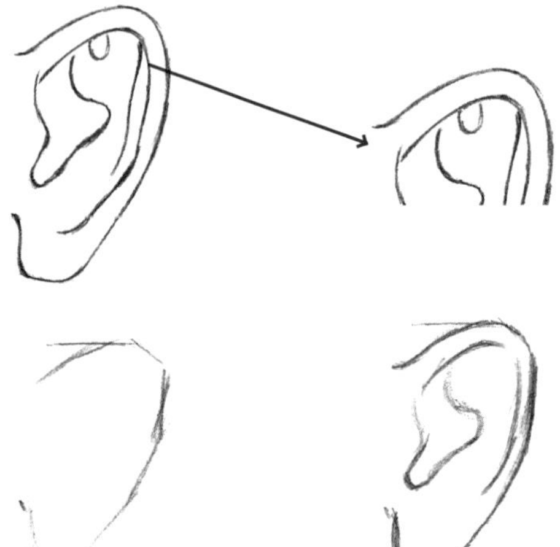

耳朵的轮廓是一个有弧度的线条，在绘制内、外轮廓线条时要顺滑表现。

步骤一：先画一个半椭圆形来概括耳朵的形状。

步骤二：用曲线条绘制出耳轮的形状特点。

步骤三：进一步细致刻画耳朵内部的线条。

多角度耳朵范例

2.7 嘴巴

嘴巴是比较标准的菱形，以唇中为中线，上嘴唇内凹，下嘴唇外凸。绘制时，下嘴唇要绘制得比较饱满，上嘴唇则比较薄。

绘制要点：
·上嘴唇与下嘴唇的轮廓线条把握。

绘画工具
1. 自动铅笔
2. 橡皮

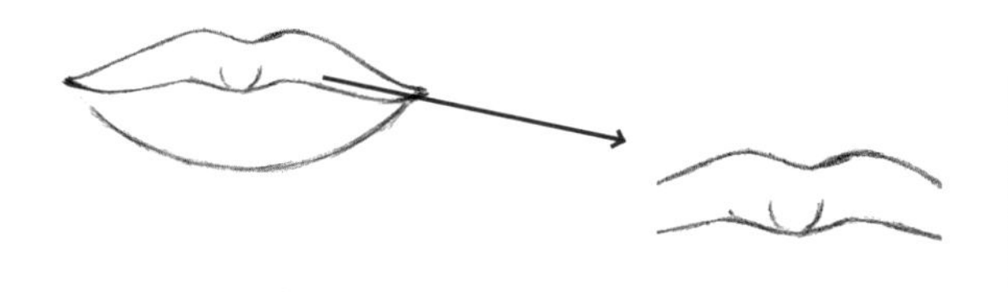

绘制唇中线与上嘴唇的线条时要表现饱满。

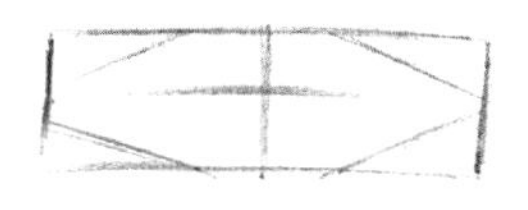

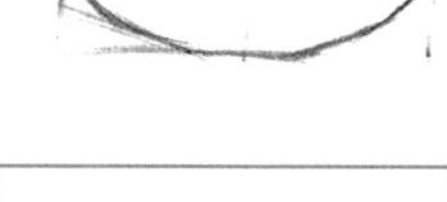

步骤一：先绘制一个长方形，再画出大致的嘴巴轮廓线。

步骤二：用比较柔和的曲线细致勾勒嘴唇的形状。

步骤三：进一步细化表现，再擦除多余的铅笔线稿。

多角度嘴巴范例

2.8 | 发型

在时装画里面，发型也是整体服装效果图中的一部分，能够对服装和人物起到很好的衬托作用，同时也能够改变人物的气质特点。

短发

短发的长度一般不会超过肩头，本案例选择的是一款齐肩的包裹式样的发型，头顶的头发覆盖在头部呈现球形特点。

绘制要点：
1. 头顶的饱满状态表现。
2. 发尾的线条处理。

绘画工具
1. 自动铅笔
2. 橡皮
3. 黑色勾线笔

绘制头顶的饱满状态时，要注意头发的虚实线条以及空白处理。

步骤一：用自动铅笔先画出头部的轮廓，再画出面部五官的轮廓，根据五官的位置，画出头发大致的外轮廓线条。

步骤二：先刻画面部五官的细节，再画出头发的大致走向，最后勾勒发丝的线条。

步骤三：用黑色勾线笔勾勒面部以及头发的线条，擦除多余的铅笔线稿。

长发

根据头发的长度，在表现长发时要注意头发的层次感与整体的造型表现，还要注意与肩部产生的变化，绘制头发的线条时也要注意头发的前后空间关系。

绘制要点：
1. 头发的发丝走向处理。
2. 发尾与肩部的关系变化。

绘画工具
1. 自动铅笔
2. 橡皮
3. 黑色勾线笔

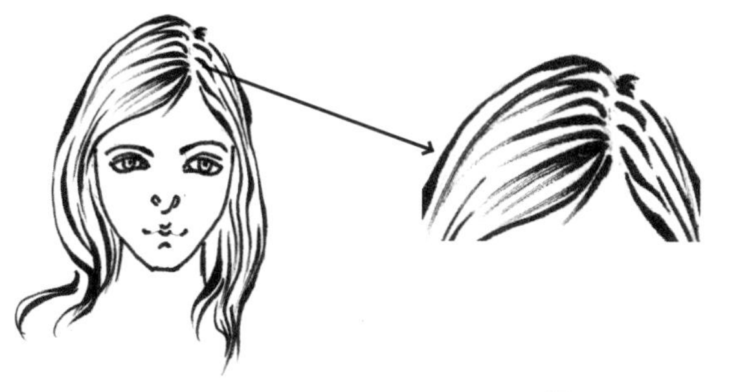

绘制头顶的头发线条时，要注意头发丝的虚实线条变化。

步骤一：先画出面部的轮廓以及五官的轮廓，再画出头发的外轮廓线条表现。

步骤二：细致刻画面部五官的特点，再画出头发刘海的线条以及发尾的线条走向。

步骤三：在画好的轮廓线条上，用黑色勾线笔勾勒出整体的线条表现。

多款发型范例

2.9 | 手臂

手臂的线条绘制，可以将手臂看作几个部分：将肩头看作一个圆球与身体连接，上臂是一个圆柱形状，前臂呈现圆锥形状。

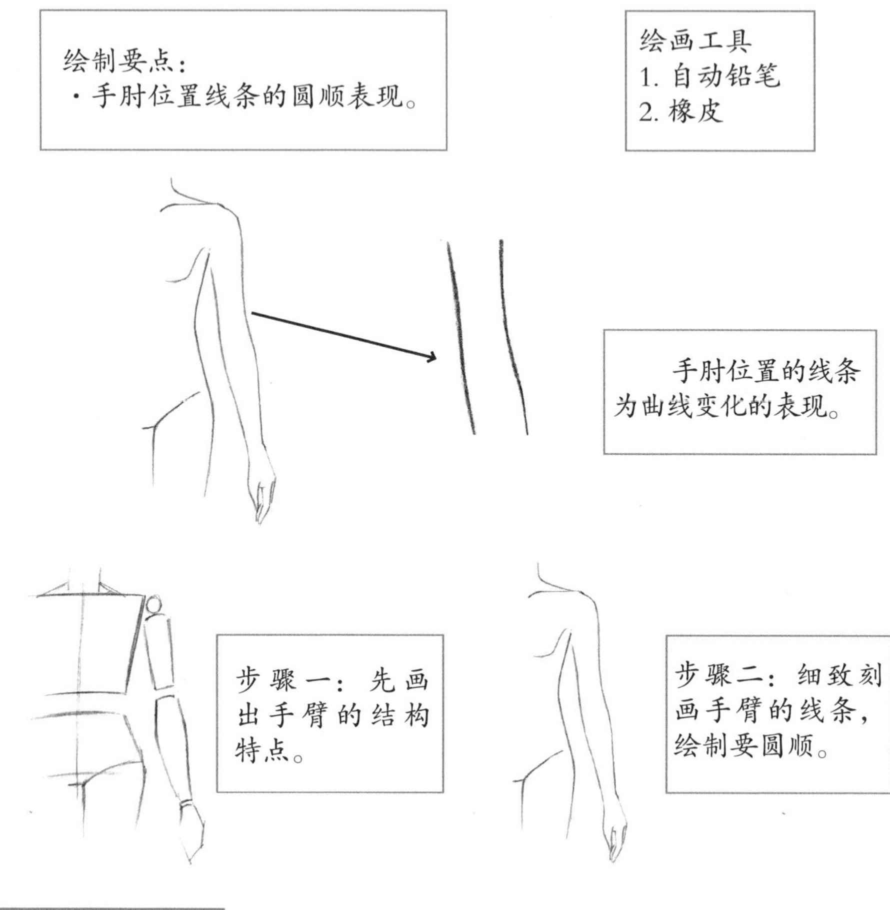

多角度手臂范例

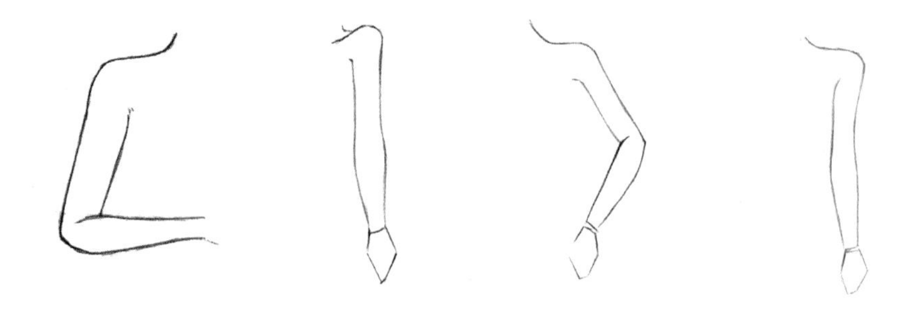

2.10 手

手的动态比较灵活，手的绘制也有一定的难度。在绘制手的过程中，要将手分为手掌和手指两大部分，再进行细致刻画。

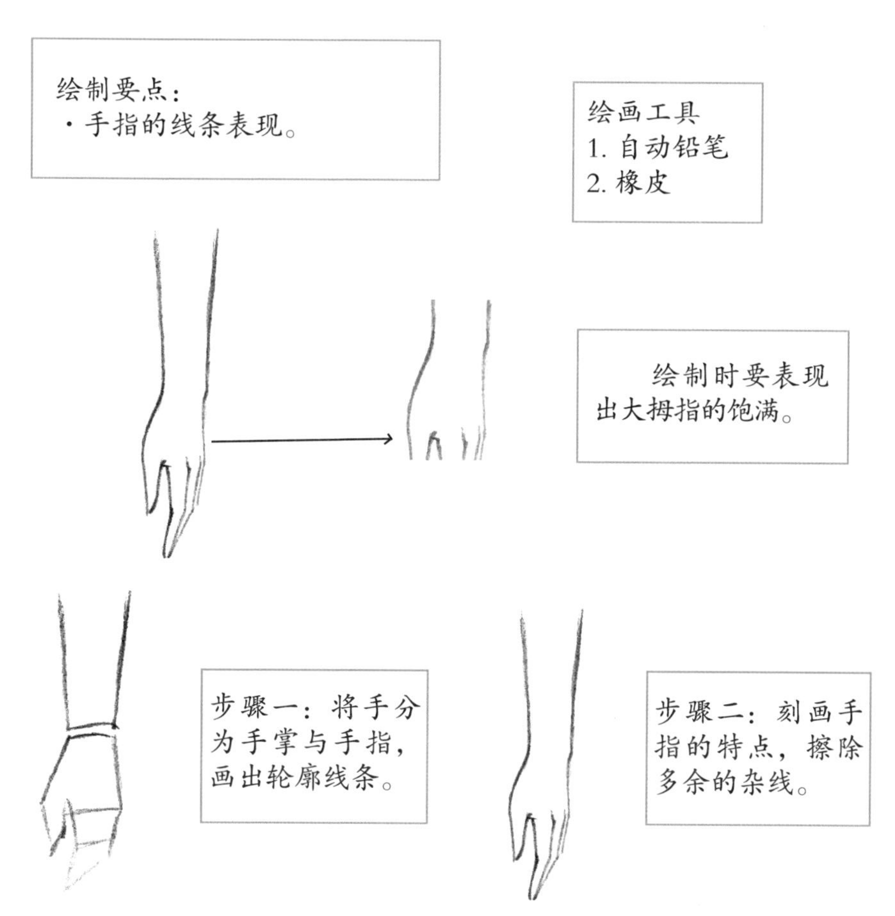

多角度手范例

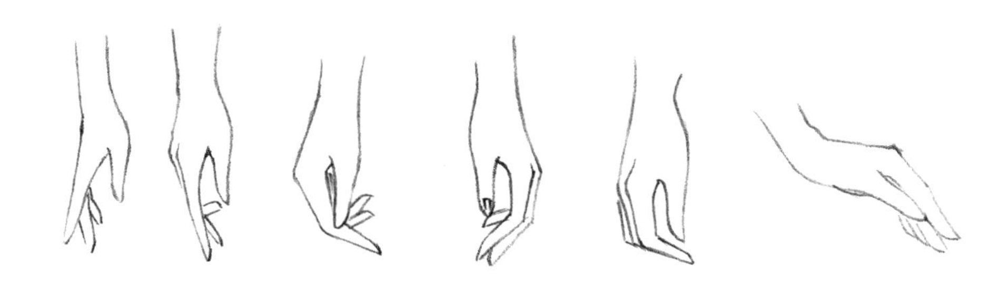

2.11 腿部

腿部的结构特点与手臂的非常相似，但是腿部需要支撑身体的重量，因此，在绘制腿部线条时，要表现更加具有力量感，在自然站立的状态下，腿部会向内侧倾斜，整体呈现向内收的状态。

绘制要点：
·腿部外侧的轮廓线条表现。

绘画工具
1. 自动铅笔
2. 橡皮

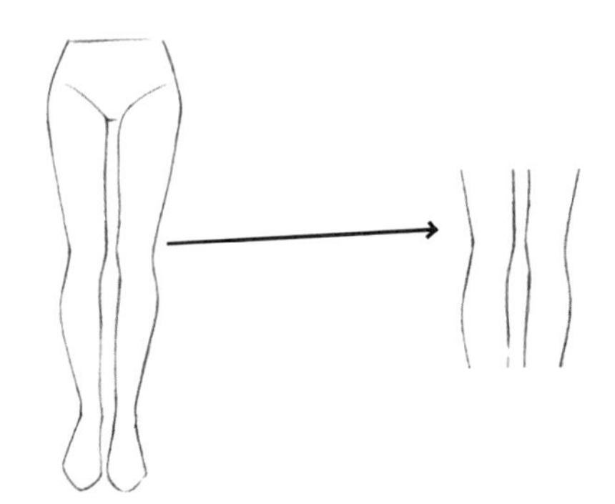

绘制膝盖位置的线条，注意膝盖与大腿、小腿之间转折线条的处理。

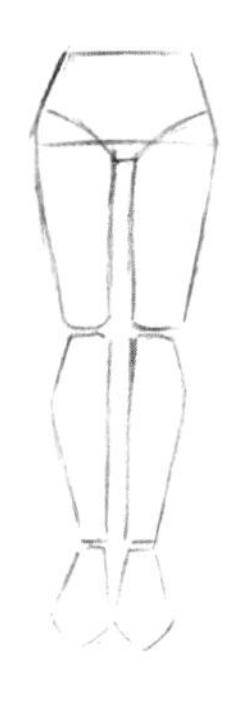

步骤一：将腿部分为两部分，大腿近似为一个圆柱形，小腿为一个圆锥形状。

步骤二：细致刻画整个腿部的外轮廓线条。

多角度腿部范例

2.12 足部

足部需要支撑整个身体的重量，因此，要求脚掌较为厚实，脚趾也比较粗壮。与手部相比，足部的动态相对较少。

绘制要点：

· 脚踝与脚掌的轮廓绘制。

绘画工具

1. 自动铅笔
2. 橡皮

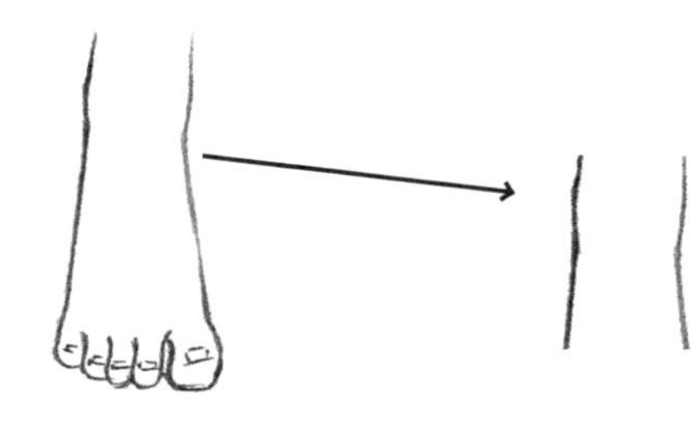

脚踝位置有一块骨头向外凸，绘制时要注意表现。

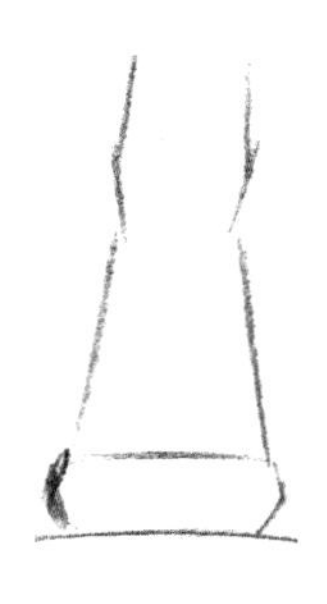

步骤一：先画出足部的大致外轮廓线条。

步骤二：进一步刻画脚趾头的线条表现。

多角度足部范例

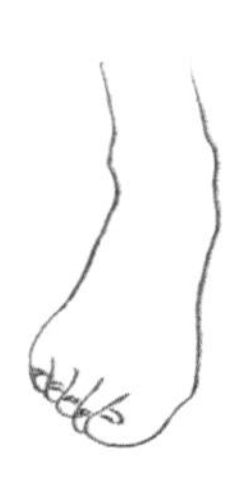

第 3 章
时装款式图

时装款式图是以平面图形特征表现，具有能快速记录、传达服装特质的优点。时装款式图主要是通过线描来表现服装的款式细节。

3.1 女装款式图设计

女装款式设计比较丰富，在面料材质上面也非常丰富。女装的款式特点主要在于表现女性的曲线美，所以服装的款式设计主要在于腰部以及臀部位置的夸张表现。

圆领短袖雪纺衫

这款雪纺衫采用圆领、褶皱花边、短袖的造型设计，搭配衣身表面的图案进行绘制表现。

绘制要点：
· 袖子的轮廓线条表现

绘画工具
1. 自动铅笔
2. 橡皮

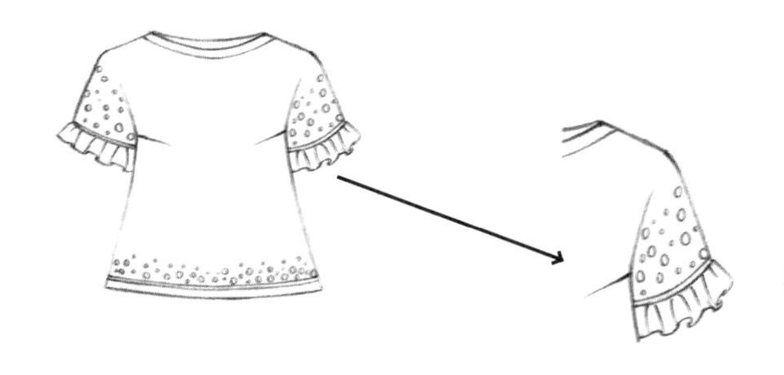

绘制袖子的轮廓线条时，注意褶皱线条的虚实变化。

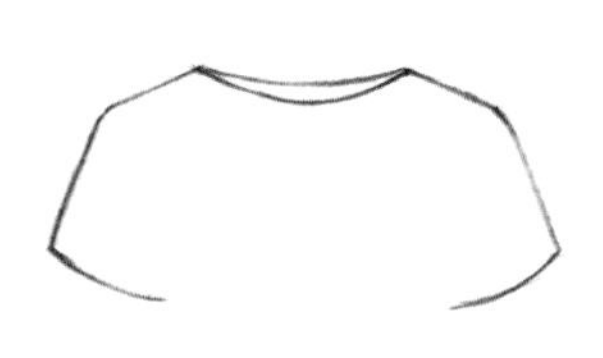

步骤一：用铅笔勾勒出衣领和衣袖的轮廓线条。

步骤二：画出衣身的轮廓线条，再细致刻画衣袖的褶皱边。

步骤三：先画出衣领和衣身的厚度线条，再勾勒衣身内部的图案颜色表现。

翻领褶皱摆衬衫

这款衬衫采用翻领、门襟纽扣、衣身下摆褶皱宽松的造型设计，整体的服装展现休闲干练的表现。

绘制要点：
· 衣领的轮廓线条表现。

绘画工具
1. 自动铅笔
2. 橡皮

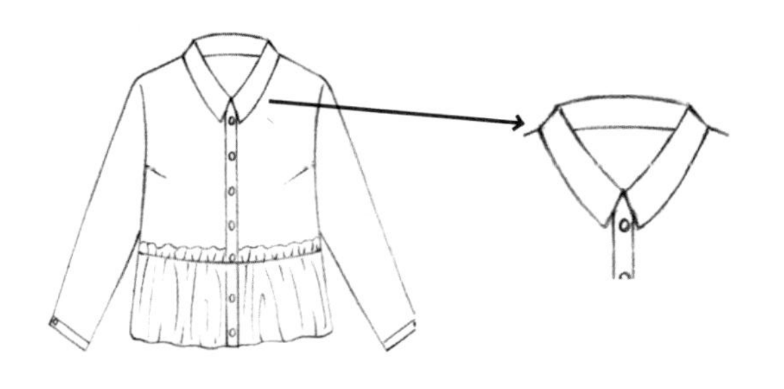

绘制衬衫领的线条时，要注意两边对称表现，注意领子的圆顺线条绘制。

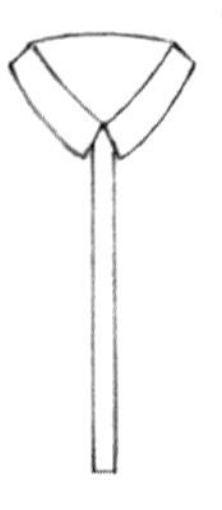

步骤一：画出衬衫领子以及门襟的线条表现。

步骤二：画出肩宽以及衣袖的长度，再画出衣身以及衣身内部的分割线条。

步骤三：在步骤二的基础上，画出门襟位置纽扣的形状，再勾勒出衣身下摆的褶皱线条以及分割线位置的荷叶边线条。

小立领长袖毛衣

这款毛衣采用小立领、落肩的造型设计，毛衣的外轮廓比较宽松，袖口和衣摆运用收紧线条的设计。

绘制要点：
·毛衣领的线条表现。

绘画工具
1. 自动铅笔
2. 橡皮

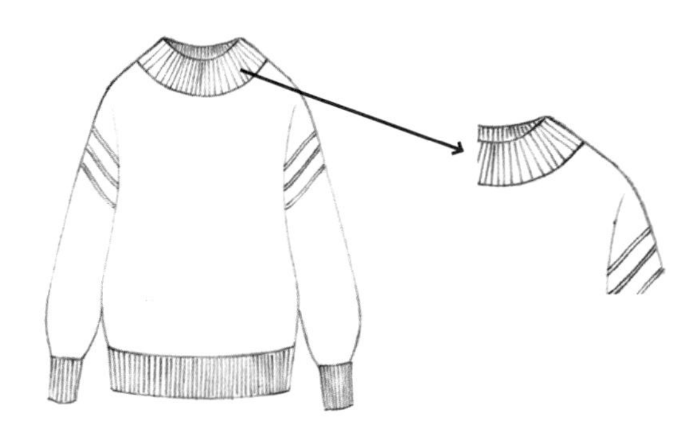

绘制毛衣领以及落肩的轮廓线条时，要注意线条的圆顺处理。

步骤一：用铅笔画出毛衣领子、衣袖以及袖口的线条表现。

步骤二：画出毛衣衣身的轮廓线条，再画出毛衣内部落肩造型的线条处理。

步骤三：先勾勒毛衣领、袖口以及衣摆的毛衣质感线条，再画出落肩袖位置的装饰细节。

荷叶摆半裙

这款半裙采用包臀、双层荷叶边的造型设计，内部运用收省道的设计，展现了裙子的优雅气质。

绘制要点：
· 半裙轮廓线条的处理。

绘画工具
1. 自动铅笔
2. 橡皮

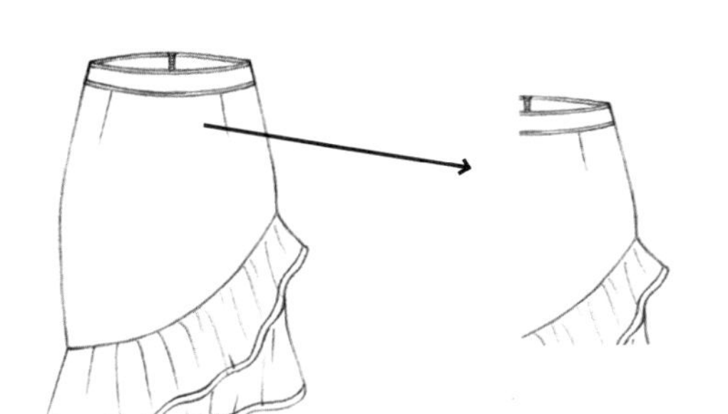

裙子轮廓线条属于半圆包裹式的线条绘制。

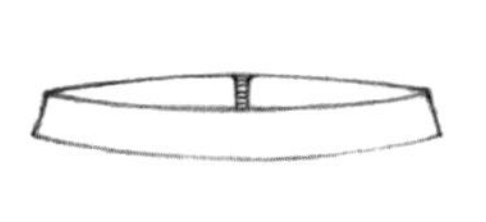

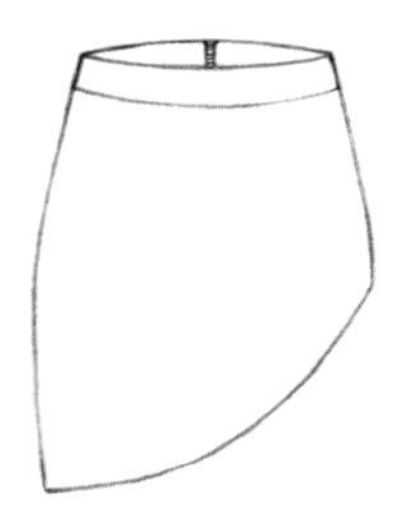

步骤一：用自动铅笔画出裙摆的腰头线条。

步骤二：再勾勒出半裙的外轮廓线条。

步骤三：画出腰头的细节线条，再绘制出裙子下摆荷叶边的线条，最后画出内部的省道线。

九分长牛仔裤

这款牛仔裤采用插袋、破洞裤口的造型设计，搭配裤子内部丰富的线迹绘制，以及裤子门襟围巾的纽扣设计。

绘制要点：
·腰头以及门襟的质感线条表现。

绘画工具
1. 自动铅笔
2. 橡皮

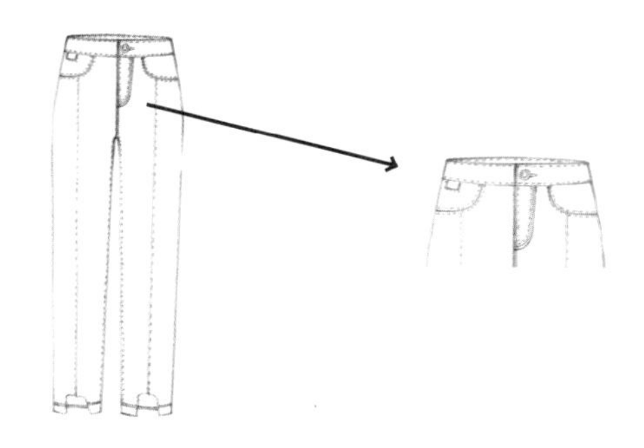

绘制腰头和门襟的质感表现，最主要的就是内部线迹线条的处理。

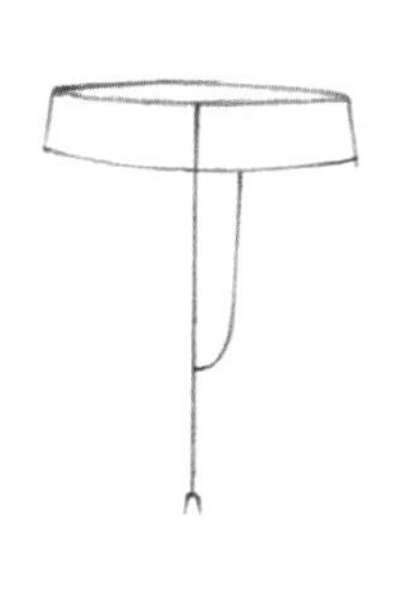

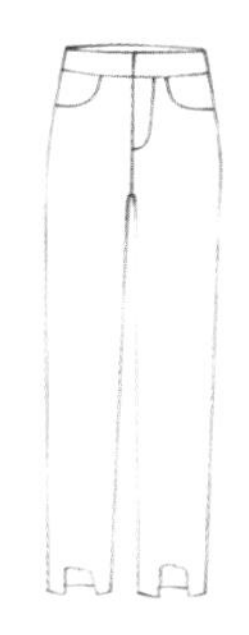

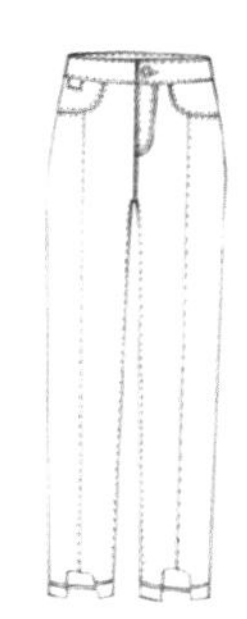

步骤一：用自动铅笔画出腰头和门襟的线条。

步骤二：画出裤腿的外轮廓线条，注意表现裤口的破洞线条。

步骤三：先画出腰头和口袋位置的线迹，再绘制门襟和裤身的线迹，最后画出纽扣。

3.2 童装款式图设计

童装的款式设计比较简单，不会有太复杂的内部线条，童装的面料质感也比较舒适温暖，主要在于衣摆和领口的造型设计。

圆领插肩袖毛衣

这款毛衣采用圆领、插肩袖的造型设计，内部搭配荷叶边线条的装饰以及领口纽扣的装饰表现。

绘制要点：
· 插肩袖的线条处理。

绘画工具
1. 自动铅笔
2. 橡皮

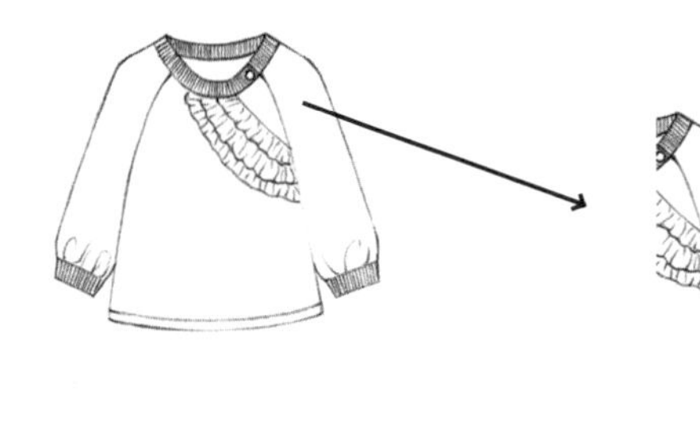

绘制衣身插肩袖的线条表现时，要注意领口与衣身线条的连接。

步骤一：用自动铅笔画出领口以及衣袖的轮廓线条。

步骤二：画出衣领位置落肩袖与衣身的轮廓，再画出衣摆的厚度线条。

步骤三：先画出衣领内部的质感线条，再勾勒出衣身荷叶边的造型线条，最后画出袖口的褶皱线。

无袖贴袋马甲

这款马甲采用翻领、无袖、门襟纽扣、贴袋的造型设计，内部运用分割线条的处理，再搭配肩部、衣摆和门襟的线迹进行设计。

绘制要点：
· 门襟位置的细节表现。

绘画工具
1. 自动铅笔
2. 橡皮

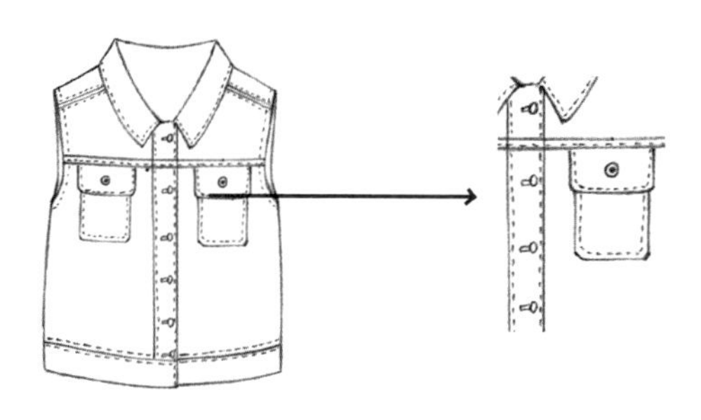

先画出门襟位置的轮廓线条，再勾勒线迹的位置，最后画出纽扣形状。

步骤一：用自动铅笔画出衣领的形状以及肩部的线条。

步骤二：先画出衣身的外轮廓线条，再勾勒内部的门襟、贴袋以及分割线的线条。

步骤三：先画出纽扣的位置，再画出肩部、贴袋、衣身分割线和衣身下摆的线迹。

圆领A字摆连衣裙

这款连衣裙采用圆领、无袖、腰部分割、裙摆褶皱的线条绘制，运用条纹面料进行设计。

绘制要点：
·腰部分割以及裙摆的造型表现。

绘画工具
1. 自动铅笔
2. 橡皮

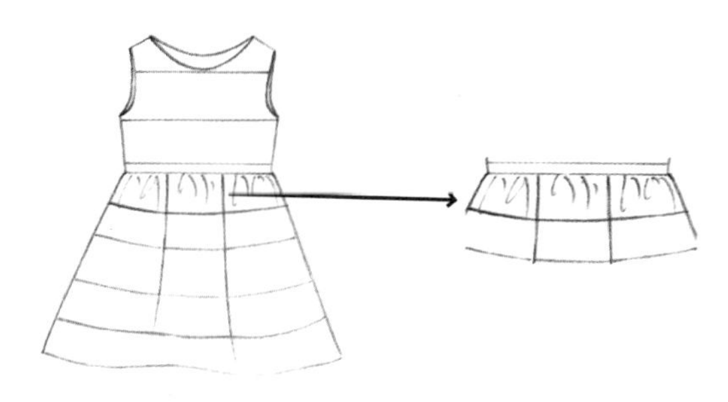

先画出腰部分割的轮廓线条，再勾勒裙摆内部的褶皱线条。

步骤一：用铅笔勾勒出裙子上半身的轮廓线条。

步骤二：画出裙摆的外轮廓线条。

步骤三：先画出裙子内部的条纹分割线条，再勾勒裙摆的褶皱线条表现。

荷叶摆半裙

这款半裙采用高腰、双层褶皱搭配的造型设计，腰部与裙身分割位置采用荷叶边的线条搭配设计。

绘制要点：
·裙摆的褶皱虚实变化线条。

绘画工具
1. 自动铅笔
2. 橡皮

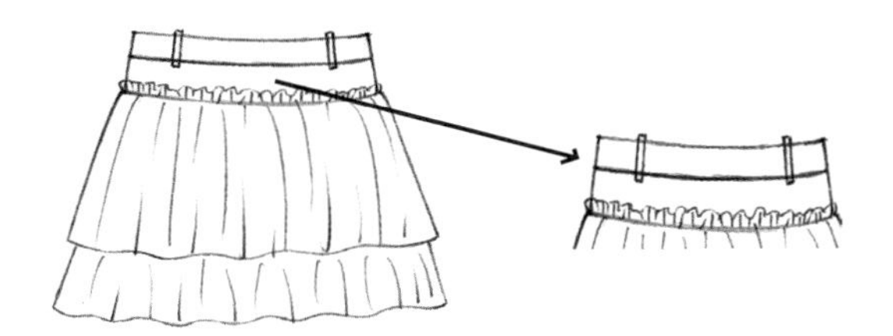

绘制腰部与裙身的荷叶边线条时，注意虚实变化。

步骤一：用自动铅笔画出腰部轮廓线条。

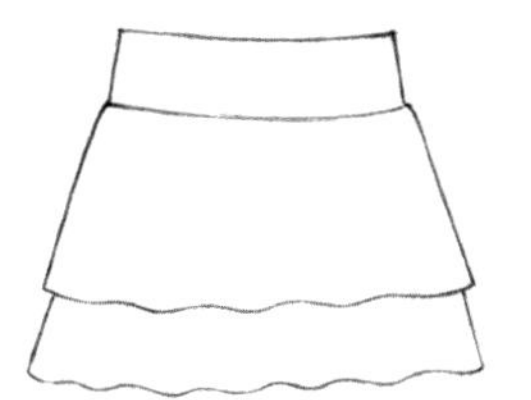

步骤二：勾勒出双层裙摆的外部线条表现。

步骤三：先画出腰部的装饰线条，再画出腰部分割位置的荷叶边，最后画出裙摆内部的褶皱线条。

立领长袖羽绒服

这款羽绒服采用立领、长袖、拉链的造型设计，衣身设计为羽绒服，袖口褶皱线的绘制。

绘制要点：
· 羽绒服的质感表现。

绘画工具
1. 自动铅笔
2. 橡皮

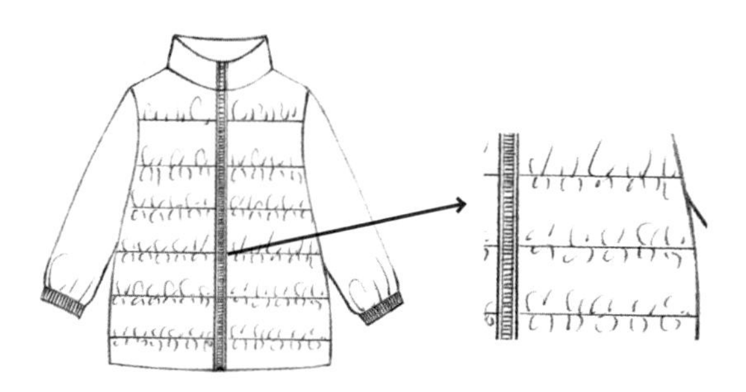

绘制羽绒服的质感表现时，先画出羽绒服的分割线，再绘制内部褶皱线的质感。

步骤一：用自动铅笔画出羽绒服的立领、门襟以及衣袖的轮廓线条。

步骤二：画出衣身的外轮廓线条，再画出袖口的线条以及衣身内部的分割线条。

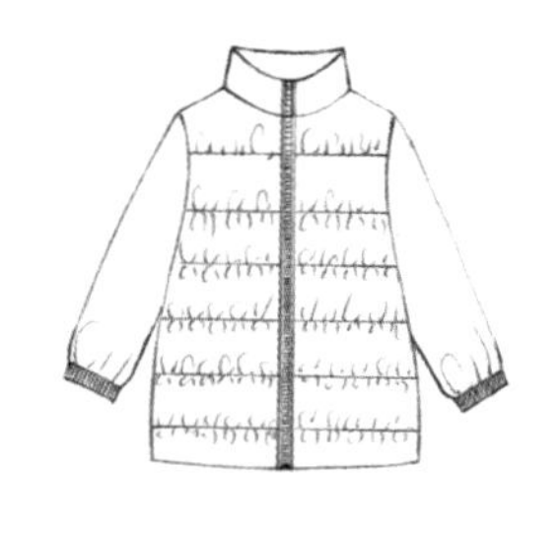

步骤三：画出门襟拉链的细节线条表现，再勾勒衣身羽绒质感的虚实变化线条，最后画出衣袖的褶皱线条。

松紧裤口打底裤

这款打底裤采用松紧腰头、松紧裤口的造型设计，搭配内部插袋和萝卜外形的轮廓设计。

绘制要点：
· 打底裤的外轮廓线条表现。

绘画工具
1. 自动铅笔
2. 橡皮

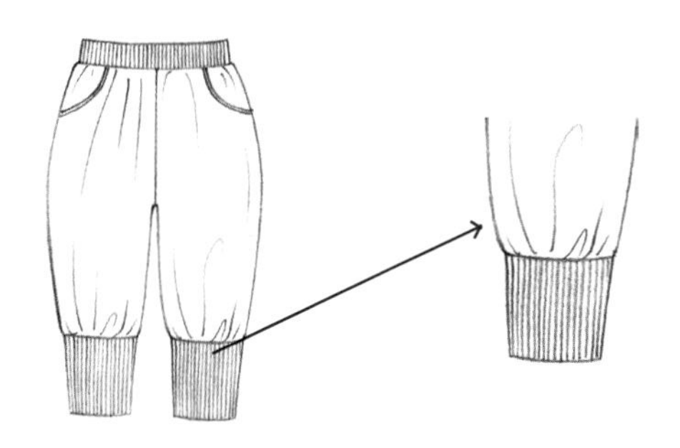

先画出裤口的松紧线条，再绘制内部的褶皱线条。

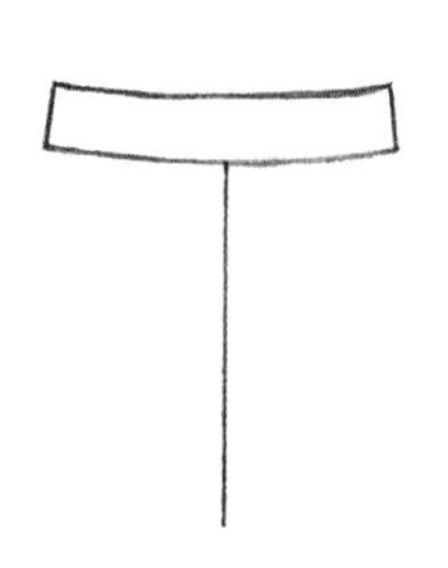

步骤一：用自动铅笔画出腰头和门襟线条。

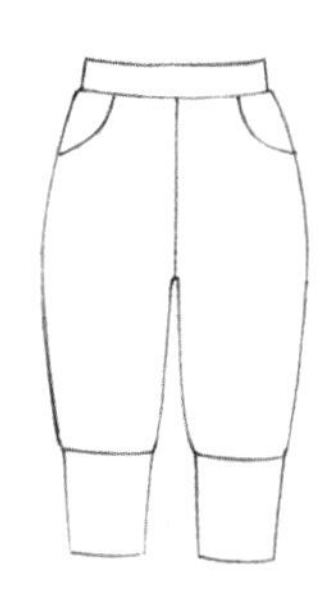

步骤二：画出裤子的外轮廓线条、裤口形状以及口袋线条。

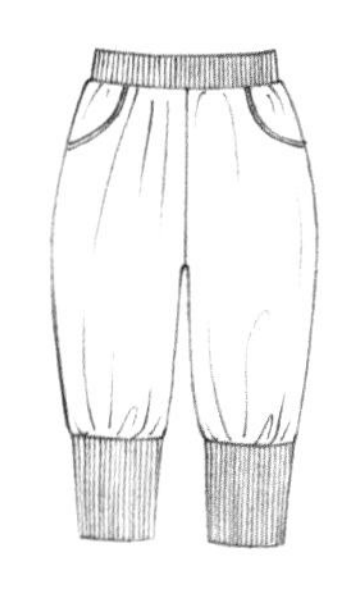

步骤三：先画出腰头和裤口的松紧线条，再绘制裤子内部的虚实变化的褶皱线条。

3.3 男装款式图设计

男装的款式没有女装款式那么丰富多变，男装款式的设计主要表现在衣领的造型变化设计、裤口位置的造型设计等。

POLO 领 T 恤

这款 T 恤采用翻领、纽扣门襟、短袖的造型设计，搭配条纹面料进行设计表现。

绘制要点：
·领子和门襟的线条表现。

绘画工具
1. 自动铅笔
2. 橡皮

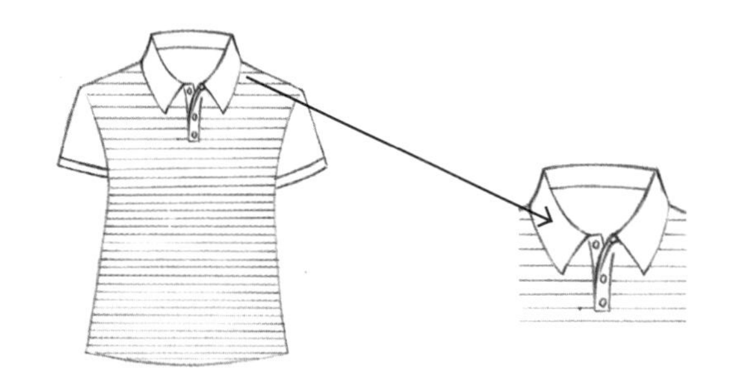

要先画出领子的厚度，再勾勒门襟纽扣的线条表现。

步骤一：用自动铅笔画出领子和门襟的轮廓。

步骤二：画出肩部、衣袖以及衣身的轮廓线条。

步骤三：先画出衣袖内部的线条，再勾勒衣身的条纹线条。

高翻领毛衣

这款毛衣采用高翻领、松紧袖口、松紧下摆的造型设计，搭配衣身内部的细节条纹线条表现，整个衣身呈现宽松外形。

绘制要点：
·毛衣领子的质感绘制。

绘画工具
1. 自动铅笔
2. 橡皮

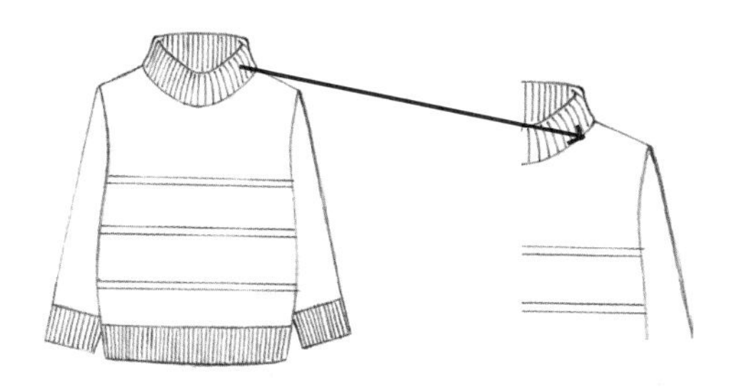

先画出领子的质感，再画出肩部到衣袖的线条表现。

步骤一：用自动铅笔画出毛衣领的质感线条以及肩部线条。

步骤二：先画出衣袖的轮廓，再勾勒衣身的外轮廓线条。

步骤三：先画出袖口以及衣摆位置的质感线条，再勾勒衣身内部的细节线条表现。

立领贴袋夹克

这款夹克采用小立领、收口袖子、松紧衣摆、门襟拉链的造型设计，搭配衣身内部的贴袋设计。

绘制要点：
· 夹克衫的轮廓质感表现。

绘画工具
1. 自动铅笔
2. 橡皮

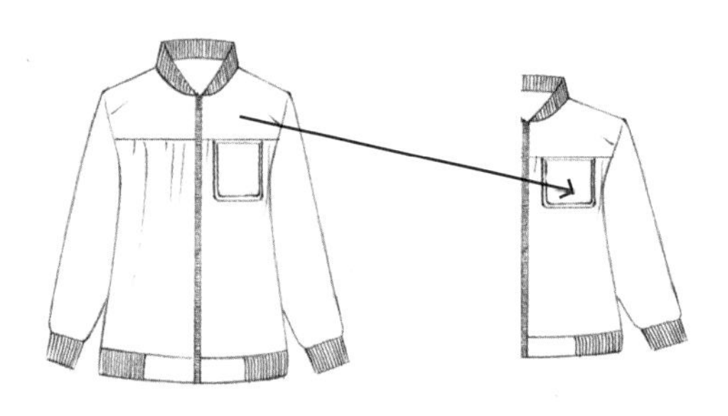

先画出衣身与衣袖的轮廓线条，再画出内部的贴袋表现。

步骤一：用自动铅笔画出衣领以及肩部、衣袖的轮廓线条。

步骤二：先画出衣身以及袖子的轮廓，再勾勒衣身内部的门襟和口袋。

步骤三：先画出领子、袖口和衣摆的松紧线条，再画出门襟的拉链线条，最后画出衣身分割位置的褶皱线条。

松紧腰头工装短裤

这款工装短裤采用松紧腰头、卷边裤腿的造型设计，裤子内部搭配贴袋、插袋和前门襟的设计表现。

绘制要点：
· 裤子的外轮廓线条表现。

绘画工具
1. 自动铅笔
2. 橡皮

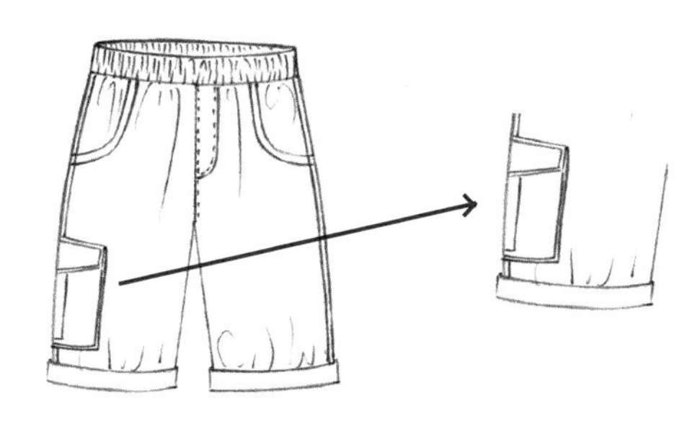

绘制裤腿贴袋线条时，注意贴袋的厚度表现。

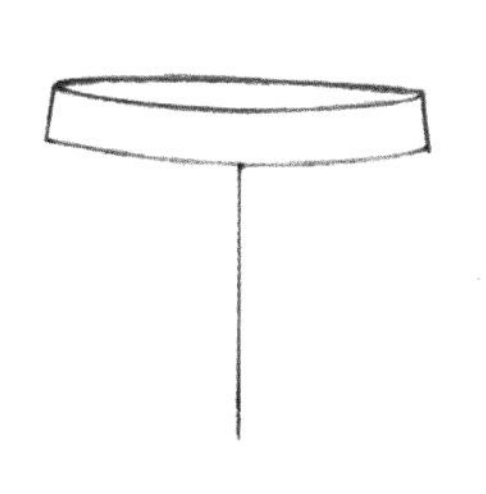

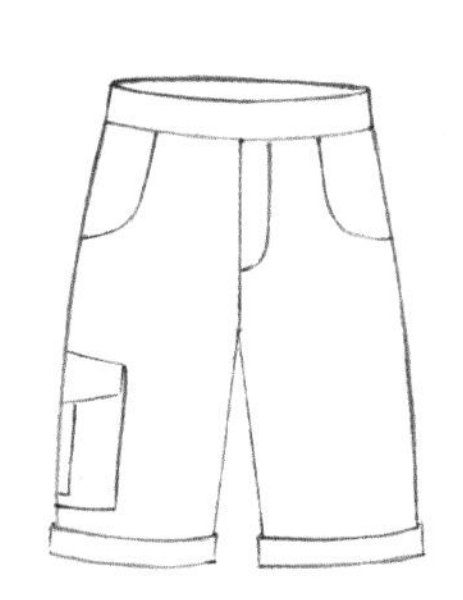

步骤一：用自动铅笔画出腰头和门襟的线条。

步骤二：画出裤子外轮廓线条以及门襟和口袋的线条。

步骤三：先画出松紧腰头的线条表现，再绘制门襟的线迹，最后画出裤子的褶皱线。

插袋长款牛仔裤

这款牛仔裤采用插袋、直筒的造型表现，裤脚卷边设计，搭配门襟、腰头纽扣的细节设计表现。

绘制要点：
· 裤子门襟位置的细节表现。

绘画工具
1. 自动铅笔
2. 橡皮

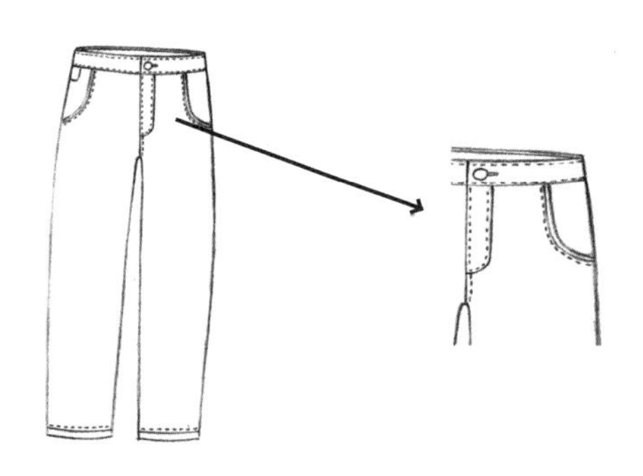

先画出门襟的大致轮廓线条，再勾勒门襟的线迹。

步骤一：用自动铅笔画出腰头以及门襟的线条。

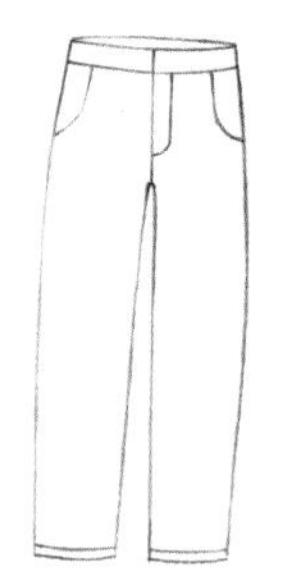

步骤二：绘制整个裤子的外轮廓线条以及口袋的线条。

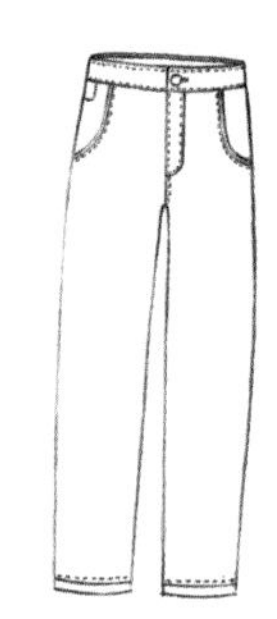

步骤三：先画出腰头内部的线迹，再画出口袋、门襟以及裤腿位置的线迹。

第 4 章 时装配饰质感表现

配饰在时装画里面也是经常出现的搭配，在一幅完整的时装效果图中，配饰能够起到点睛之笔的作用，能丰富整体画面的视觉效果。时装效果图中经常出现的配饰有围巾、帽子、包和鞋。

4.1 围巾

围巾除了保暖的作用之外，在时装画里面对于服装的风格表现也是非常重要的配饰之一。同一服饰搭配不同类型的围巾，可以展现不一样的画面风格。

流苏围巾

这款围巾采用红色，面料比较柔暖舒适，围巾边运用流苏垂吊的造型表现，给单色围巾增加了不一样的氛围。

绘制要点：
· 围巾缠绕的轮廓线绘制。

绘画工具
1. 自动铅笔
2. 千彩乐马克笔
3. 黑色勾线笔
4. 高光笔

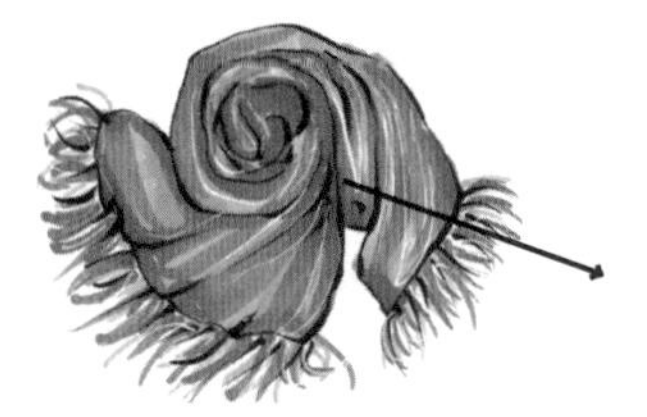

要仔细刻画围巾缠绕产生的虚实变化轮廓线条。

绘画颜色

G70 G72 G80

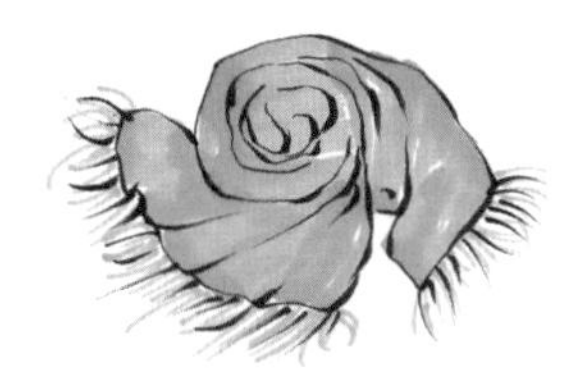

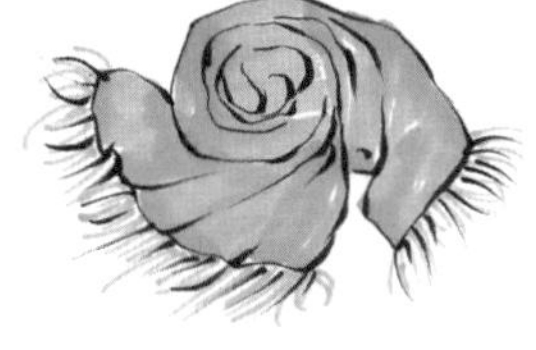

步骤一：用自动铅笔勾勒出围巾的轮廓线条以及流苏的线条。

步骤二：先用黑色勾线笔画出围巾的轮廓形状，再用G70号色马克笔平铺底色。

步骤三：用G72号色马克笔加深围巾的暗面，再用G80号色马克笔勾勒流苏的暗部。

格纹图案围巾

格纹图案围巾，顾名思义，围巾采用格纹面料。格纹图案在围巾的设计中经常出现，格纹图案颜色百搭，适合多种服装风格搭配。

绘制要点：
· 格纹面料的质感表现。

绘画工具
1. 自动铅笔
2. 千彩乐马克笔
3. 黑色勾线笔
4. 高光笔

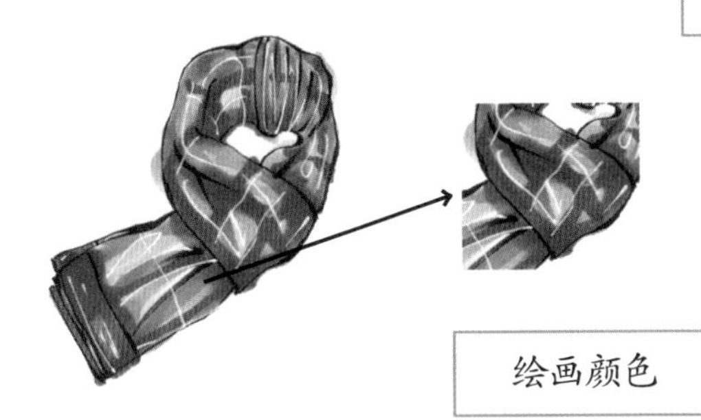

先画出围巾的明暗颜色，再勾勒格纹图案。

绘画颜色

步骤一：用自动铅笔绘制围巾的轮廓线条。

步骤二：先用黑色勾线笔画出围巾的轮廓，再用NG4号色马克笔平铺围巾的底色，再用G72号色马克笔画出围巾边的底色。

步骤三：用NG8号色马克笔加深围巾的暗面，再用G15号色马克笔加深围巾边的暗部以及围巾的质感表现，最后用高光笔画出围巾的高光。

针织围巾

这款针织围巾属于中长度的围巾，运用针织质感的面料设计，再搭配鲜艳的红色，展现出了围巾的温暖舒适质地。

绘制要点：
·针织的质感颜色表现。

绘画工具
1. 自动铅笔
2. 千彩乐马克笔
3. 黑色勾线笔
4. 高光笔

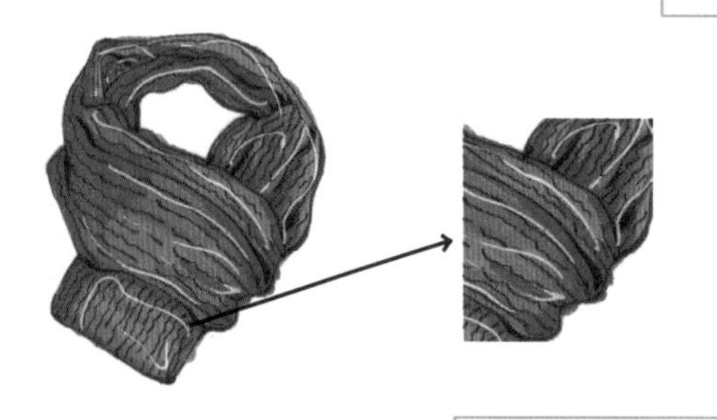

围巾的质感表现使用黑色勾线笔勾勒出围巾的细节。

绘画颜色

步骤一：用自动铅笔刻画出围巾的轮廓线条以及内部的褶皱线。

步骤二：用 G78 号色马克笔平铺围巾的底色，再一次加深围巾褶皱线的阴影颜色。

步骤三：用 G80 号色马克笔画出围巾的暗部颜色，再用黑色勾线笔勾勒出围巾的质感，最后画出高光。

印花图案丝巾

这款印花图案丝巾，质地轻柔顺滑，印花颜色也非常丰富，适合搭配单色系列的服装。

绘制要点：
· 印花图案的颜色处理。

绘画工具
1. 自动铅笔
2. 千彩乐马克笔
3. 黑色勾线笔
4. 高光笔

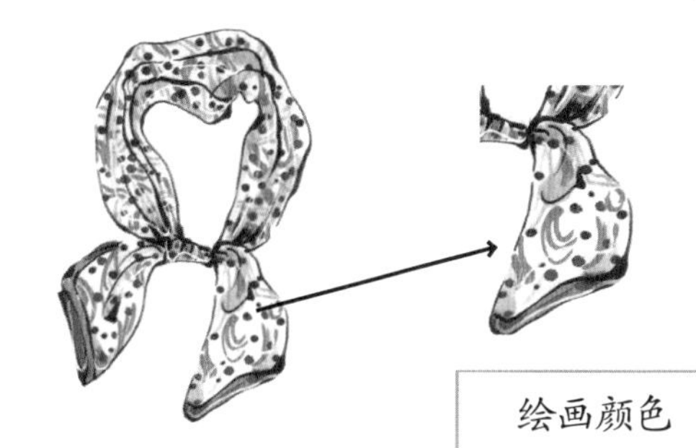

先画出暗面颜色，再用马克笔点缀出印花。

绘画颜色

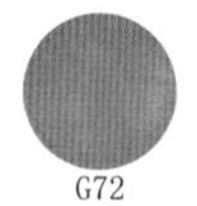

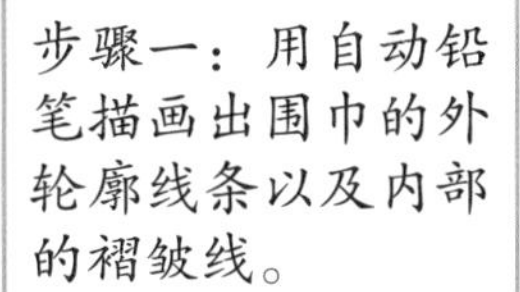

步骤一：用自动铅笔描画出围巾的外轮廓线条以及内部的褶皱线。

步骤二：先用G3号色和G72号色马克笔画出围巾的底色以及围巾边的颜色，再用G183号色马克笔勾勒出围巾的条状。

步骤三：用G80号色马克笔和黑色勾线笔点缀围巾表面的图案，再画出围巾的高光。

多款围巾范例

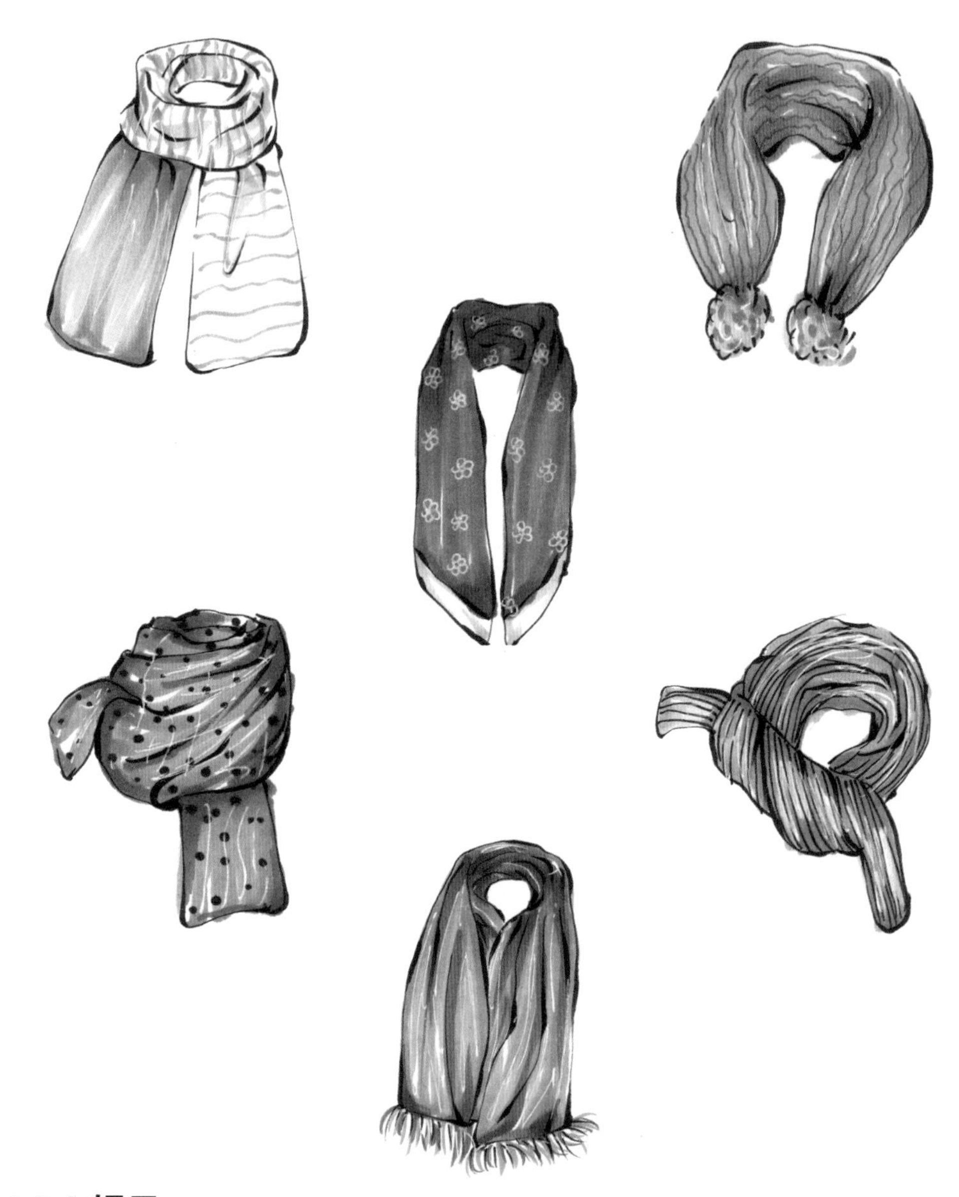

4.2 帽子

时装效果图里面，帽子的款式丰富多变，帽子的风格也非常明显，同时帽子也是时装画里面经常可以看见的服装配饰搭配，本章节选用了鸭舌帽、棒球帽、贝雷帽、棉耳帽和礼帽等风格各异的帽子进行范例表现。

鸭舌帽

鸭舌帽最大的特点在于帽檐的轮廓线条，外轮廓形状类似鸭子的嘴巴，帽檐内部有个双层的厚度设计，以增加帽子的立体感。

绘制要点：
· 帽子的轮廓线条绘制。

绘画工具
1. 自动铅笔
2. 千彩乐马克笔
3. 黑色勾线笔
4. 高光笔

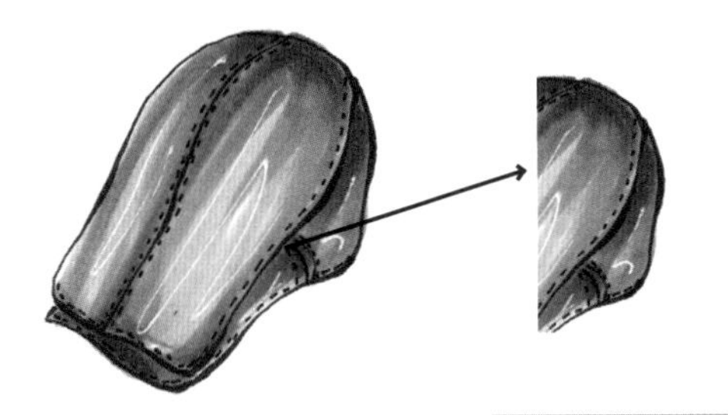

绘制帽子的外轮廓线条时注意表现帽子的厚度。

绘画颜色

NG4

NG8

步骤一：用自动铅笔勾勒出帽子的外轮廓线条，注意表现饱满感。

步骤二：先用黑色勾线笔画出帽子的轮廓，再用 NG4 号色马克笔平铺帽子的底色。

步骤三：用 NG8 号色马克笔画出帽子的暗面，再用黑色勾线笔画出帽子的线迹，最后点缀高光。

棒球帽

棒球帽，属于运动休闲风格的配饰搭配，有着宽大的帽檐设计，帽顶呈现一个半圆形。

绘制要点：
· 帽子的外轮廓表现。

绘画工具
1. 自动铅笔
2. 千彩乐马克笔
3. 黑色勾线笔
4. 高光笔

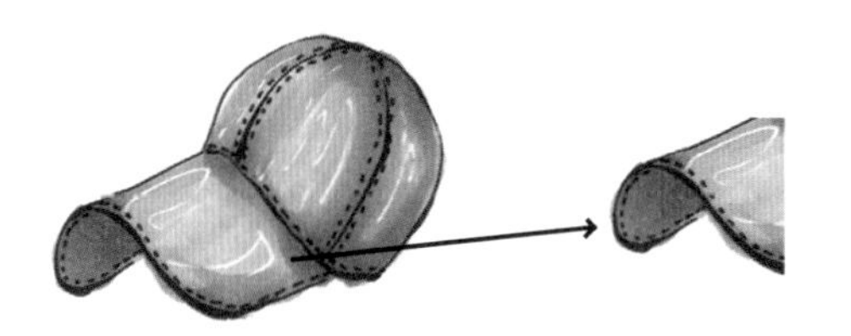

帽檐的前后空间关系要把握好。

绘画颜色

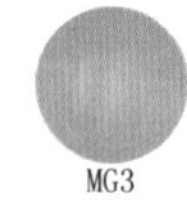

MG3

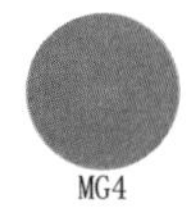

MG4

步骤一：用自动铅笔仔细勾勒出帽子的轮廓线条以及内部的细节表现。

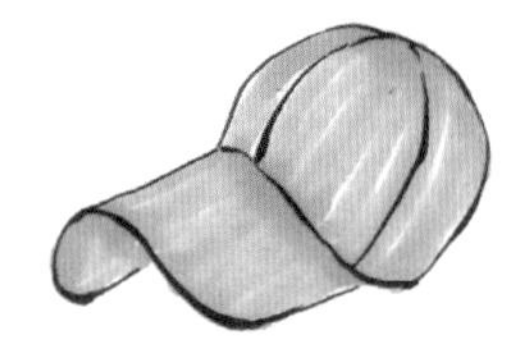

步骤二：用黑色勾线笔画出帽子的轮廓，再用MG3号色马克笔平铺帽子的底色。

步骤三：用MG4号色马克笔画出帽子的暗面，再用黑色勾线笔画出帽子的线迹，最后画出高光。

棉耳帽

棉耳帽的材质通常比较厚实，适合秋冬季节的服装搭配表现。棉耳帽最大的特点就是两边保护帽檐设计。

绘制要点：
· 棉耳帽的质感颜色处理。

绘画工具
1. 自动铅笔
2. 千彩乐马克笔
3. 黑色勾线笔
4. 高光笔

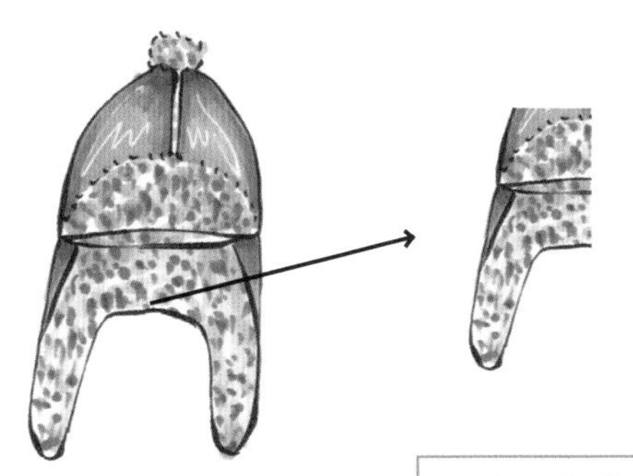

棉耳帽的质感表现用马克笔的尖头点缀出帽子的厚度。

绘画颜色

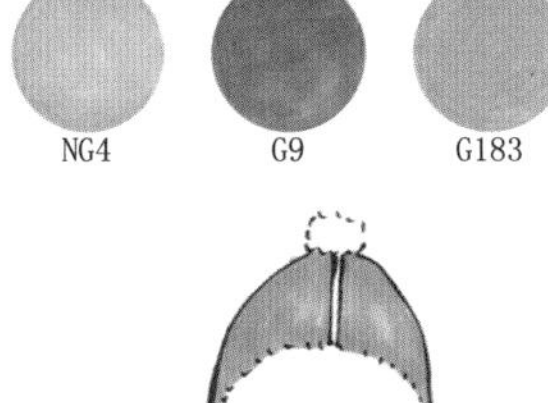

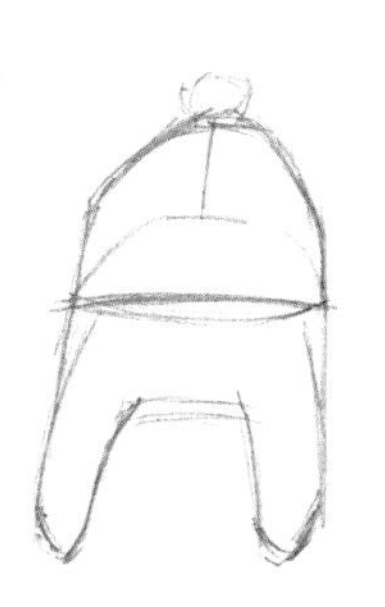

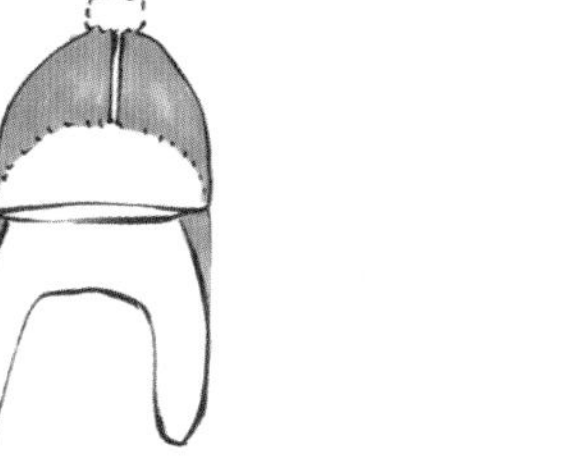

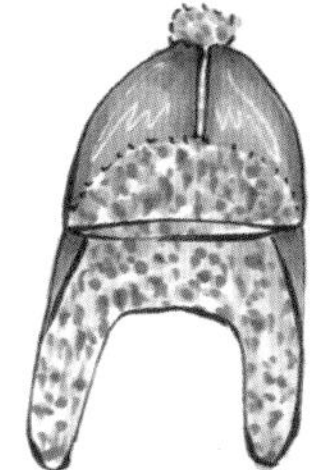

步骤一：用自动铅笔勾勒出帽子的轮廓线条。

步骤二：先用黑色勾线笔勾勒帽子的轮廓，再用 G183 号色马克笔平铺帽子的底色。

步骤三：用 G9 号色马克笔加深帽子的暗面，再用 NG4 号色和 G183 号色马克笔点缀帽子的质感。

贝雷帽

贝雷帽的外轮廓呈现一个半圆形状，没有夸张的帽檐，帽子内部通常会设计一些图案或者简单的造型。

绘制要点：
·轮廓的线条表现。

绘画工具
1. 自动铅笔
2. 千彩乐马克笔
3. 黑色勾线笔
4. 高光笔

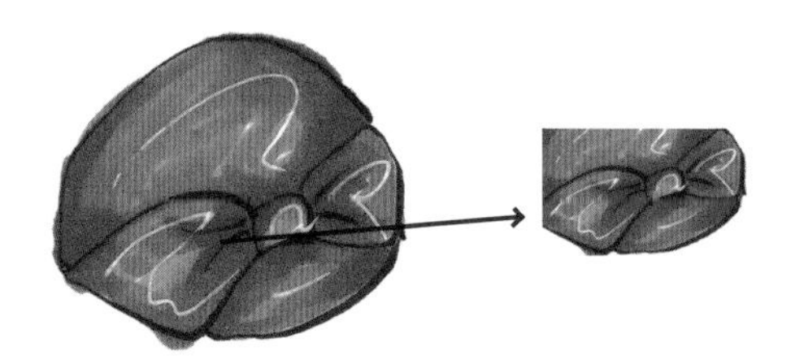

先画出帽子的明暗颜色，再画出高光表现。

绘画颜色

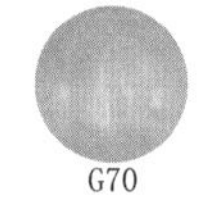

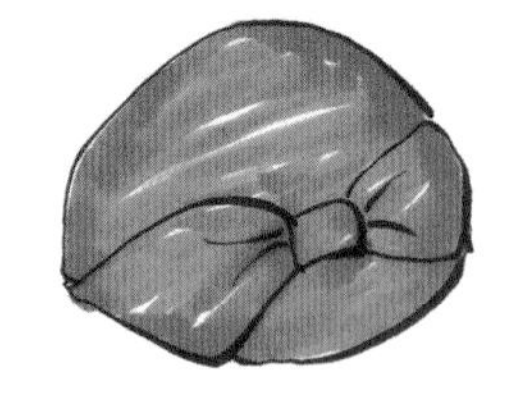

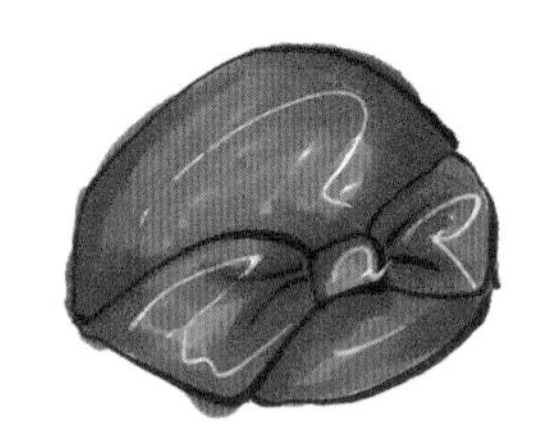

步骤一：用自动铅笔画出帽子的外轮廓。

步骤二：先用黑色勾线笔勾勒帽子的轮廓，再用 G70 号色马克笔平铺帽子的底色。

步骤三：用 G72 号色马克笔加深暗面，再用 G80 号色马克笔画出帽顶位置的暗部。

礼帽

礼帽是搭配礼服的帽子，帽檐比较夸大，帽顶呈现一个高高的拱形，帽子内部通常会设计一些花边造型进行搭配。

绘制要点：
·帽檐的轮廓线条处理。

绘画工具
1. 自动铅笔
2. 千彩乐马克笔
3. 黑色勾线笔
4. 高光笔

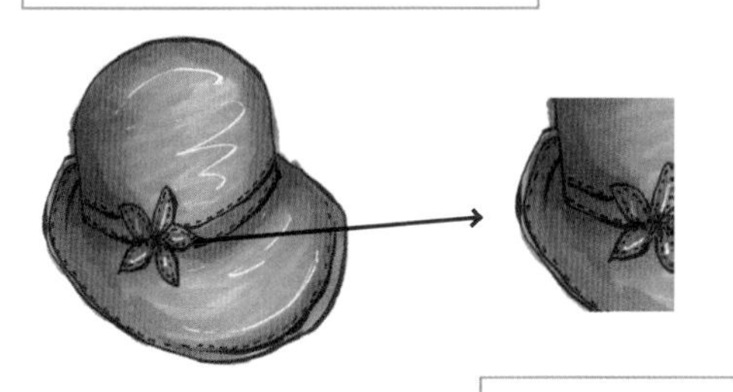

绘制帽檐的轮廓线条时，注意转折变化。

绘画颜色

G102

G170

G177

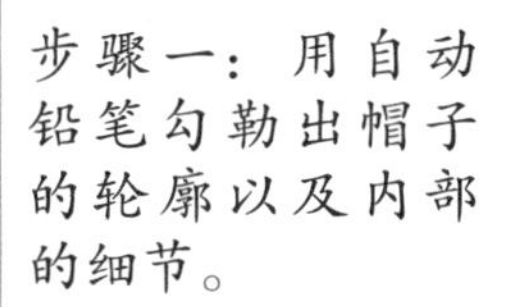

步骤一：用自动铅笔勾勒出帽子的轮廓以及内部的细节。

步骤二：用G170号色马克笔平铺底色，再用G177号色马克笔加深暗面。

步骤三：用G102号色马克笔再一次加深暗面，再用黑色勾线笔画出线迹，最后用高光笔画出高光颜色。

多款帽子范例

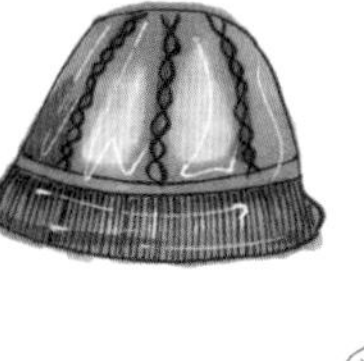

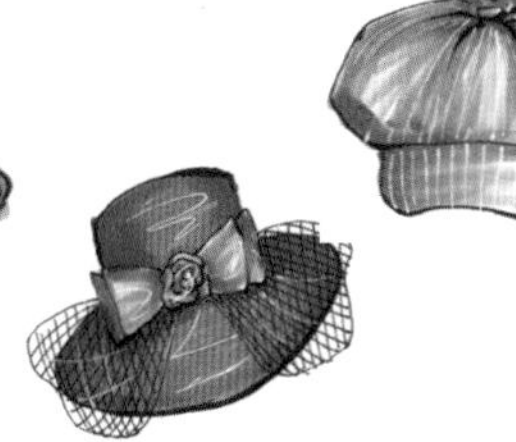

4.3 包

包是时装效果图里面最常看见的配饰，任何服装款式都会出现不同类型的包进行搭配，包的款式风格多变，颜色丰富亮丽。

筒形包

筒形包，顾名思义，包的外轮廓为筒状，内部搭配两种不同的面料材质进行设计，再配上一根简单的手提带。

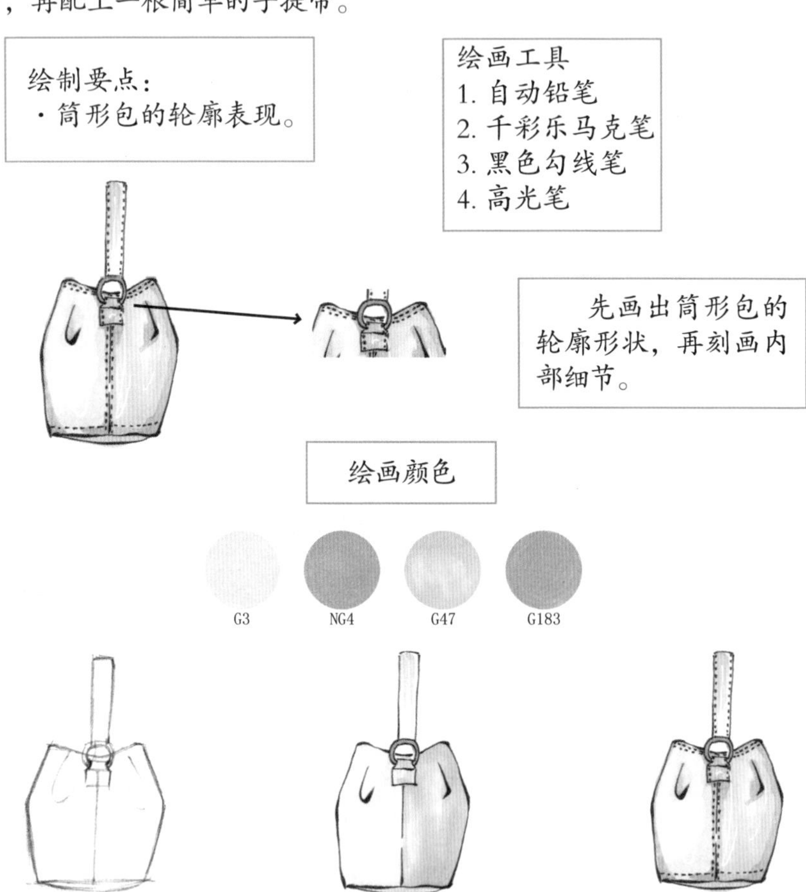

步骤一：用自动铅笔画出筒形包的轮廓。

步骤二：用NG4号色和G3号色马克笔画出筒形包的底色，再用G47号色马克笔画出手提带的颜色。

步骤三：用G183号色马克笔加深筒形包的暗面，再用黑色勾线笔画出筒形包的内部细节。

邮差包

邮差包的设计主要在于包翻盖位置的造型设计。搭配一根简洁的手提带，颜色选用深色系的搭配，展现包的时尚气息。

绘制要点：
- 邮差包的轮廓形状表现。

绘画工具
1. 自动铅笔
2. 千彩乐马克笔
3. 黑色勾线笔
4. 高光笔

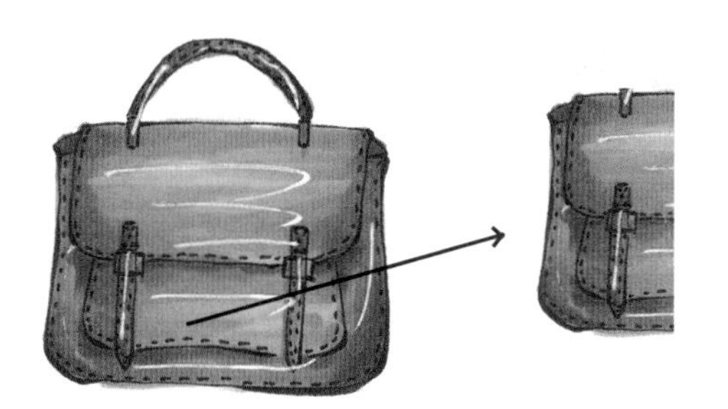

邮差包的质感表现主要在内部的线迹绘制。

绘画颜色

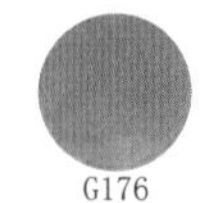
G176

G182

步骤一：用自动铅笔勾勒出邮差包的轮廓形状以及内部的细节。

步骤二：用G176号色马克笔画出邮差包的底色。

步骤三：先用G182号色马克笔画出邮差包的暗面，再用黑色勾线笔勾勒出线迹。

贝壳包

贝壳包顾名思义，就是包的外形像一个贝壳的轮廓，再搭配鲜艳的红色，包表面加上一些菱形的图案设计，包整体的视觉感非常丰富。

绘制要点：
· 贝壳包的轮廓表现。

绘画工具
1. 自动铅笔
2. 千彩乐马克笔
3. 黑色勾线笔
4. 高光笔

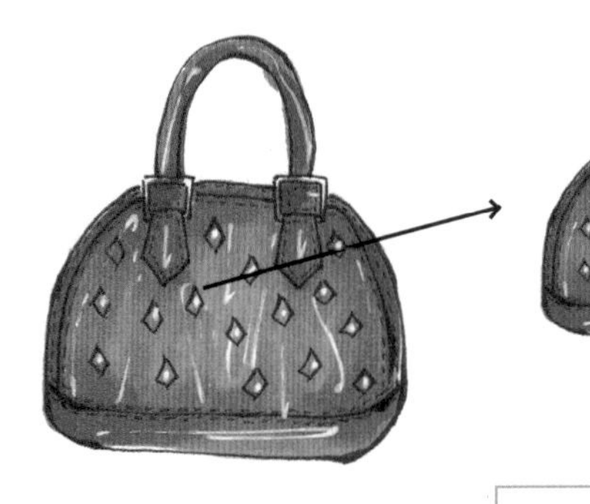

先画出贝壳包的明暗颜色表现，再画出贝壳包的内部细节。

绘画颜色

步骤一：用自动铅笔勾勒出贝壳包的轮廓线条以及内部的细节。

步骤二：用 G72 号色马克笔画出贝壳包的底色。

步骤三：用 G15 号色马克笔加深贝壳包的暗面，再用黑色勾线笔点缀细节。

信封包

信封包通常外轮廓设计属于长方形的造型表现，内部搭配一些分割的设计原理，整体在视觉上面非常具有时尚感。

绘制要点：
·信封包的颜色表现。

绘画工具
1. 自动铅笔
2. 千彩乐马克笔
3. 黑色勾线笔
4. 高光笔

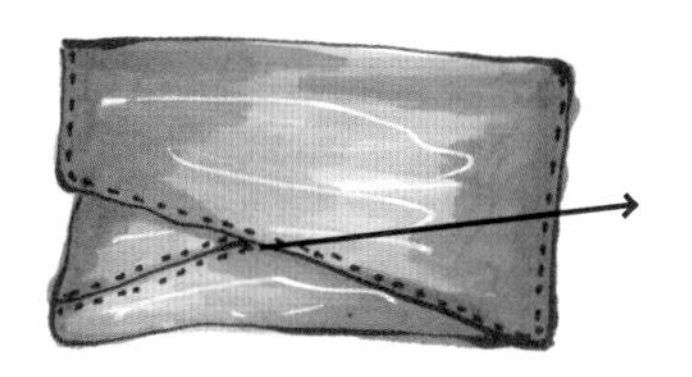
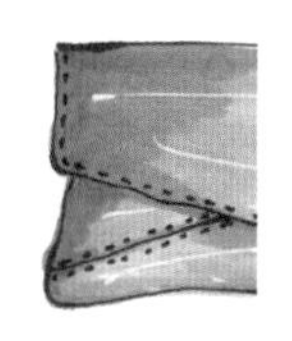

画出信封包的明暗，再刻画内部细节。

绘画颜色

NG4

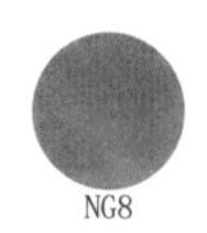
NG8

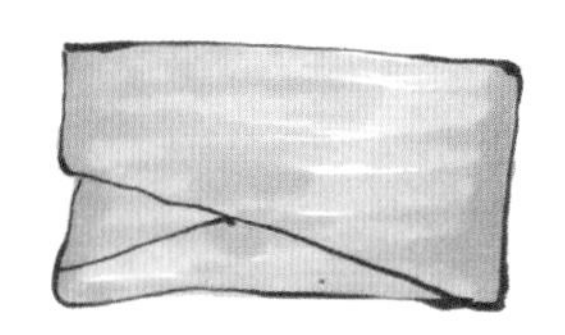

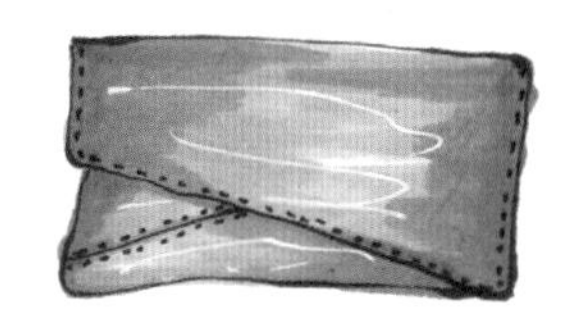

步骤一：用自动铅笔勾勒出信封包的轮廓。

步骤二：用NG4号色马克笔平铺底色。

步骤三：先用NG8号色马克笔加深暗面，再用黑色勾线笔画出细节。

宴会包

宴会包的形状通常比较小巧，包的外形非常精致，搭配珠宝和钻石的精致点缀，展现出宴会包整体的时尚高贵感。

绘制要点：
· 宴会包的质感表现。

绘画工具
1. 自动铅笔
2. 千彩乐马克笔
3. 黑色勾线笔
4. 高光笔

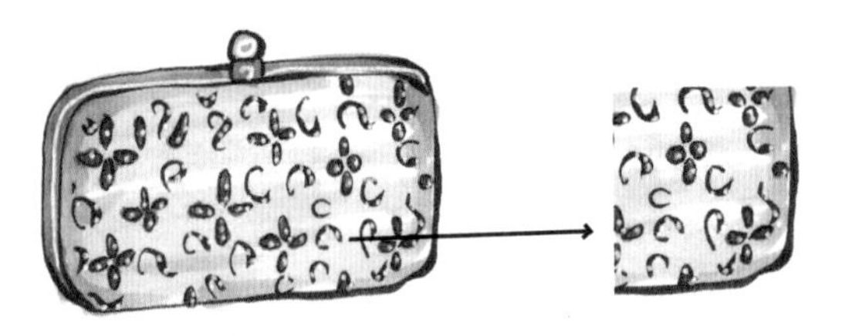

先画出宴会包的轮廓形状，再刻画内部细节。

绘画颜色

NG4

G170

G177

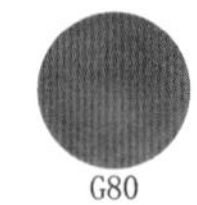
G80

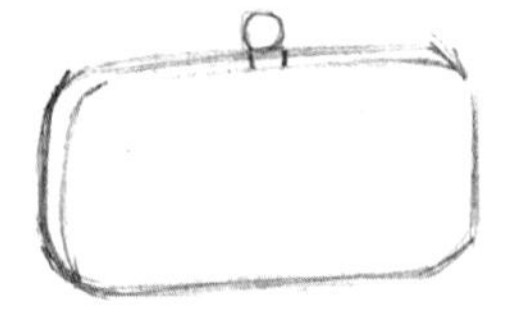

步骤一：用自动铅笔勾勒出宴会包的轮廓。

步骤二：用 NG4 号色和 G170 号色马克笔画出宴会包的底色。

步骤三：用黑色勾线笔勾勒出宴会包内部的图案，再用 G80 号色马克笔画出图案颜色，最后用 G177 号色马克笔加深宴会包的暗面。

凯莉包

凯莉包，整体造型比较偏向正方形，内部空间非常大，包的特点在于包袋位置锁扣的设计，给单色简单的包增加层次质感。

绘制要点：
·凯莉包的质感颜色表现。

绘画工具
1. 自动铅笔
2. 千彩乐马克笔
3. 黑色勾线笔
4. 高光笔

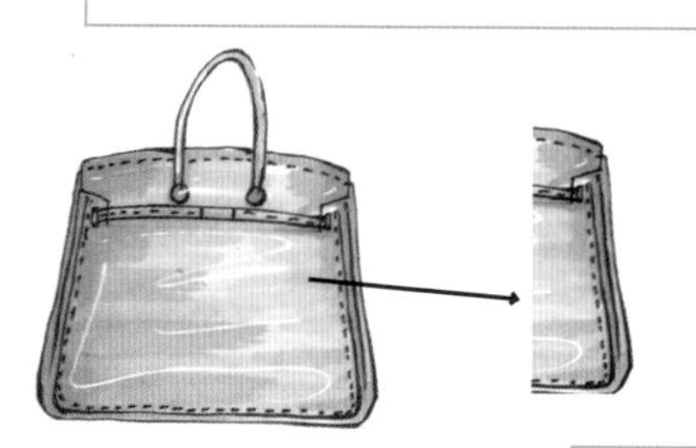

先画出凯莉包的明暗，再勾勒内部的细节。

绘画颜色

G193

G146

步骤一：用自动铅笔画出凯莉包的轮廓线条以及内部的细节。

步骤二：用G193号色马克笔平铺凯莉包的底色。

步骤三：用G146号色马克笔加深凯莉包的暗面，再用黑色勾线笔勾勒线迹，最后画出高光。

多款包范例

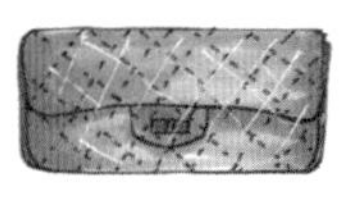

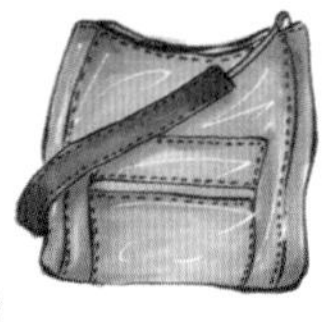

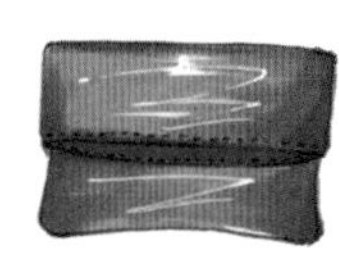

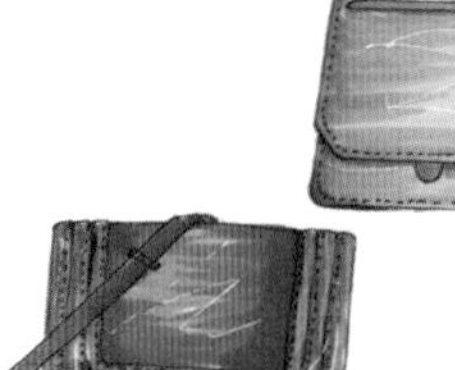

4.4 鞋

鞋是服装效果图最常见到的配饰，鞋的款式非常丰富，同时鞋也是最难绘制的配饰之一，一双好鞋的质感绘制表现在于掌握好鞋的结构特点以及对线条的控制。

平底鞋

这款平底鞋采用尖头、矮跟的造型设计，颜色选用深棕色搭配，鞋头表现加上线迹的点缀，鞋子的整体造型非常丰富。

绘制要点：
· 鞋头的轮廓线条表现。

绘画工具
1. 自动铅笔
2. 千彩乐马克笔
3. 黑色勾线笔
4. 高光笔

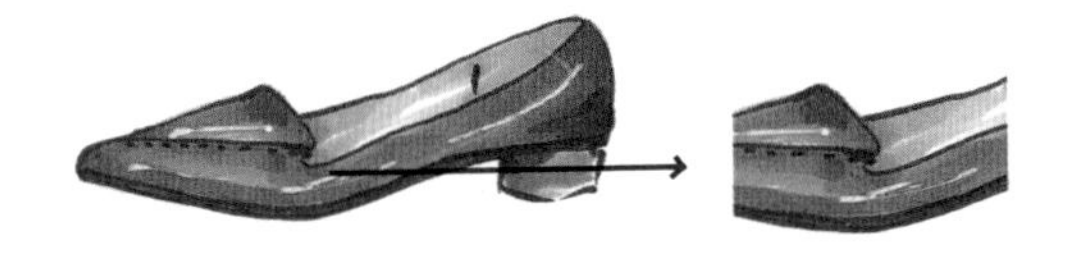

鞋的弧度线条是绘制鞋子的重点。

绘画颜色

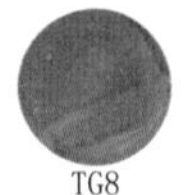

步骤一：用自动铅笔勾勒出鞋子的轮廓线条，注意鞋子的弧度。

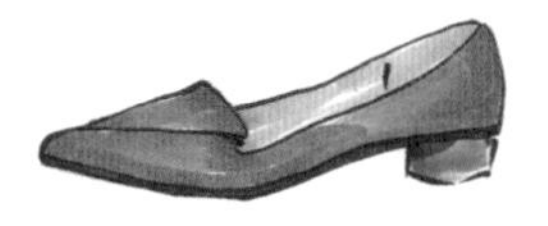

步骤二：用G170号色和G189号色马克笔画出鞋子的底色，再用TG8号色马克笔画出鞋跟颜色。

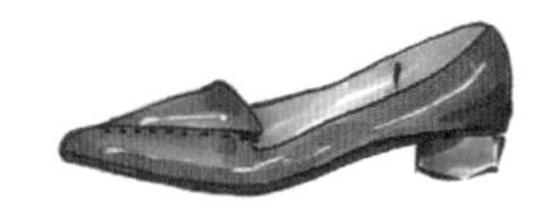

步骤三：用TG8号色马克笔加深鞋子的暗面，再用黑色勾线笔画出鞋子表面线迹，最后画出高光。

运动鞋

运动鞋的鞋底设计属于船型，鞋头向上翘，鞋面采用网状的造型设计，展现了运动鞋的舒适质感表现。

绘制要点：
· 鞋后跟的轮廓线条表现。

绘画工具
1. 自动铅笔
2. 千彩乐马克笔
3. 黑色勾线笔
4. 高光笔

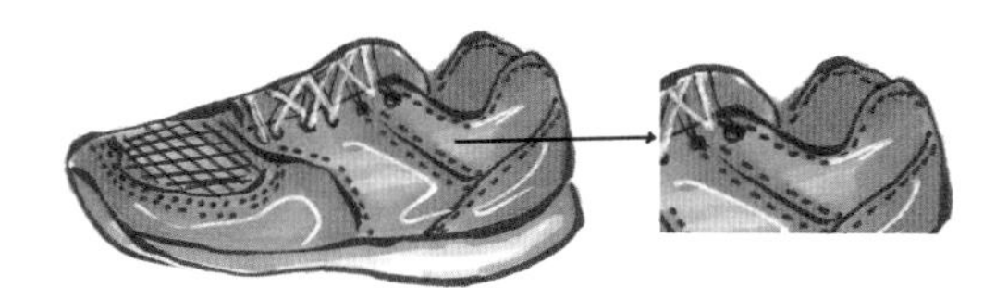

绘制鞋后跟的轮廓线条时，注意鞋后跟线条呈现包裹式设计。

绘画颜色

NG4

G170

G177

步骤一：用自动铅笔画出鞋子的轮廓线条，注意内部的细节处理。

步骤二：用 NG4 号色和 G170 号色马克笔画出鞋底和鞋面的固有色。

步骤三：用 G177 号色马克笔加深鞋面的暗面，再用黑色勾线笔勾勒出鞋面的线迹和网状，最后画出高光。

松糕鞋

松糕鞋的设计属于两层鞋底的造型设计，搭配材质光滑的皮质面料，展现了鞋本身的时尚感。

绘制要点：

· 鞋身的轮廓线条处理。

绘画工具

1. 自动铅笔
2. 千彩乐马克笔
3. 黑色勾线笔
4. 高光笔

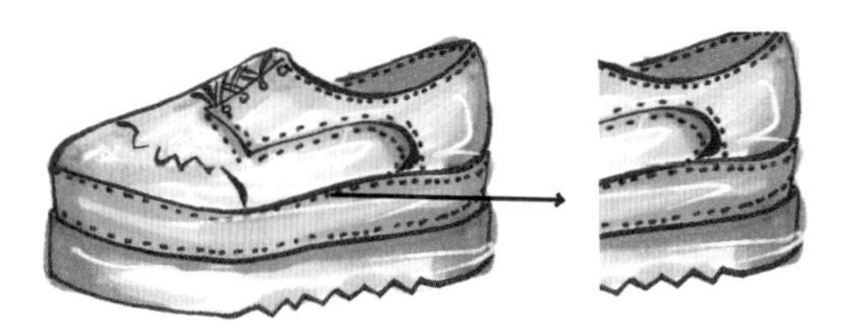

绘制鞋后跟的轮廓线条时，要注意转折表现，并注意表现鞋子的饱满形状。

绘画颜色

NG4

G47

G169

步骤一：用自动铅笔勾勒出鞋子的轮廓线条。

步骤二：用 NG4 号色和 G47 号色马克笔画出鞋子的颜色。

步骤三：用 NG4 号色和 G169 号色马克笔画出暗面，再用黑色勾线笔勾勒出表面线迹，最后画出高光。

高跟皮鞋

这款皮鞋采用超高跟、厚底鞋头的造型设计，搭配面料光泽高较好的灰色皮质面料，展现了鞋的时尚优雅感。

绘制要点：
· 鞋跟弧度线条的把握。

绘画工具
1. 自动铅笔
2. 千彩乐马克笔
3. 黑色勾线笔
4. 高光笔

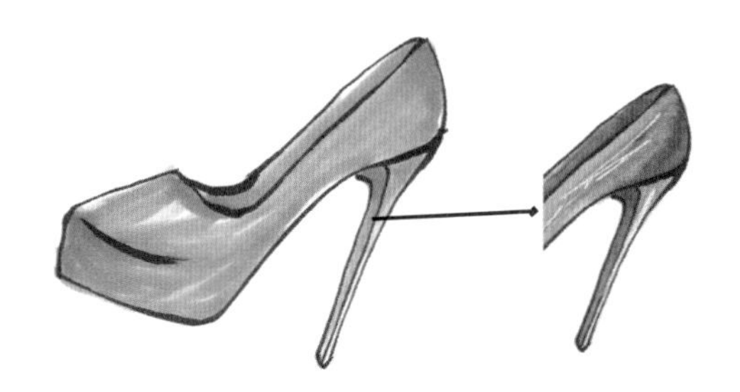

绘制鞋跟颜色时，要注意表现鞋子的厚度质感。

绘画颜色

NG4

NG8

步骤一：用自动铅笔勾勒出鞋子的轮廓，鞋跟弧度要顺滑表现。

步骤二：先用黑色勾线笔画出高跟鞋的轮廓以及细跟的线条，再用 NG4 号色马克笔平铺鞋子的底色。

步骤三：用 NG8 号色马克笔加深鞋子的暗面，再画出鞋子的高光。

细跟凉鞋

这款凉鞋采用露脚踝的细跟绑带设计，鞋跟采用中跟设计，鞋头呈现方形，搭配亮丽的红色，展现出凉鞋的清爽质感。

绘制要点：
· 鞋跟的颜色表现。

绘画工具
1. 自动铅笔
2. 千彩乐马克笔
3. 黑色勾线笔
4. 高光笔

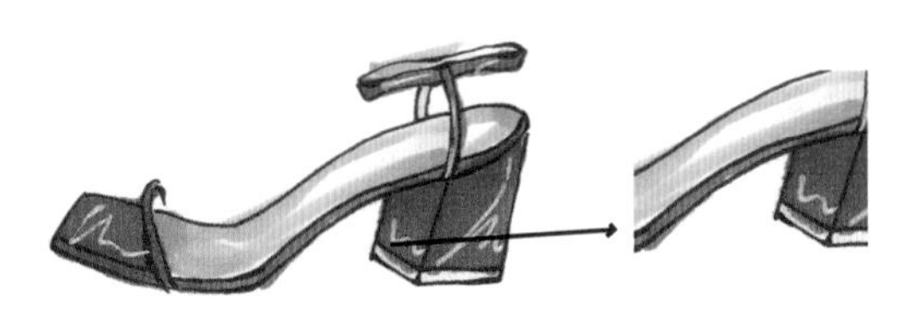

凉鞋的轮廓绘制最主要在于鞋后跟到鞋头的弧度线条的绘制。

绘画颜色

G47

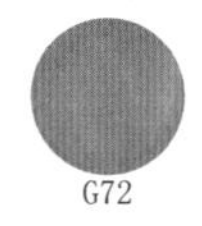
G72

G80

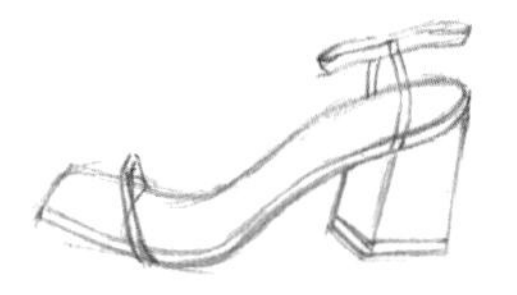

步骤一：用自动铅笔画出鞋子的轮廓线条，注意鞋带的空间关系。

步骤二：先用黑色勾线笔画出凉鞋的轮廓线条，注意鞋带的线条绘制，再用G72号色和G47号色马克笔画出鞋子的底色。

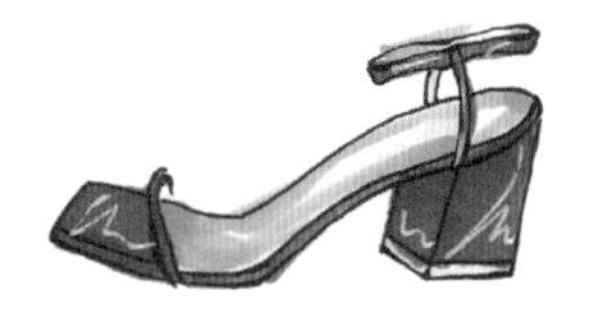

步骤三：用G80号色和G47号色马克笔加深鞋子的暗面，再画出高光颜色。

多款鞋范例

第5章 女装款式

女装的设计是建立在针对女性研究基础上的，是从女性的心理、审美等特征来进行设计的。女装的款式丰富多变，色彩艳丽明快，面料细柔优雅，装饰工艺比较丰富。

5.1 | 春夏服装款式表现

春夏季节的服装面料比较轻柔，服装的外部轮廓与内部结构多使用曲线或者曲线与直线交错的设计，以形成服装独特的外观和丰富的层次变化。

不对称无袖连衣裙

不对称百褶裙是指在服装设计上面，款式左右不对称的设计，裙身由许多细密、垂直的褶皱构成的裙装。

绘制要点：
1. 把握好人体动态的特点，注意腿部的前后关系。
2. 画裙子的廓形时注意表现人体走动时裙摆跟着摆动的造型形态。
3. 注意用笔的笔触表现，沿着褶皱的方向运笔，裙子的质感可以通过留白的手法处理。

绘画工具
1. 自动铅笔
2. 千彩乐马克笔
3. 黑色勾线笔
4. 高光笔

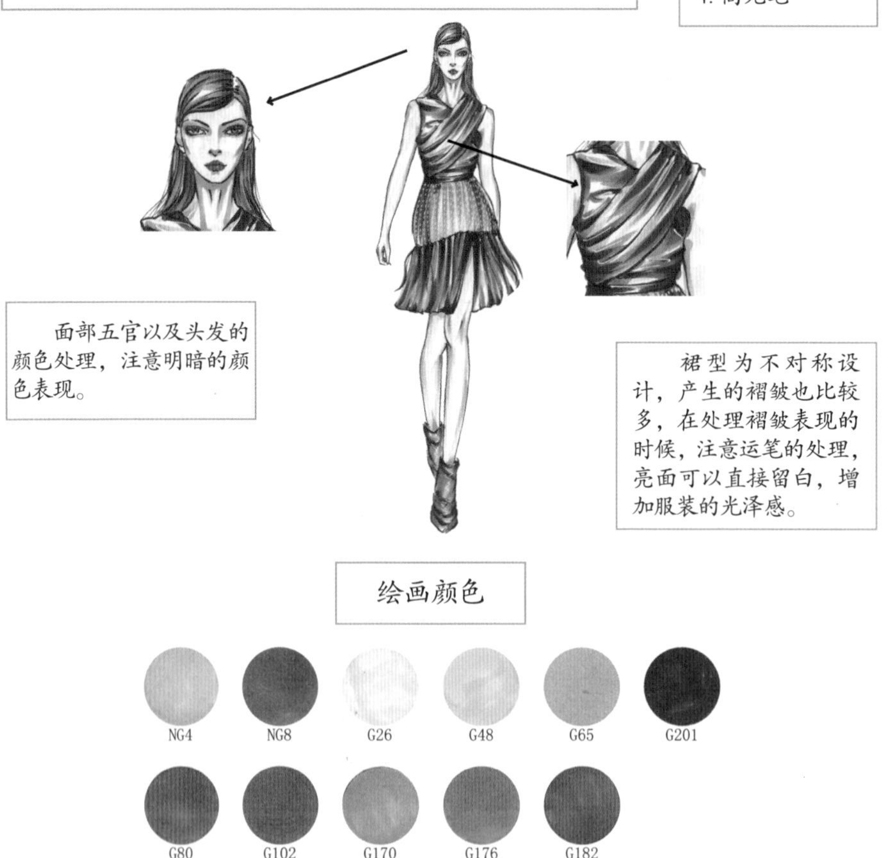

步骤一：首先绘制出头长以及中心线的位置，再画出人体的比例关系，最后绘制出人体的体块以及动态的表现。

步骤二：细致刻画五官和头发的线条，再根据人体走动时的动态表现，画出服装的整体轮廓线条以及鞋子的表现。

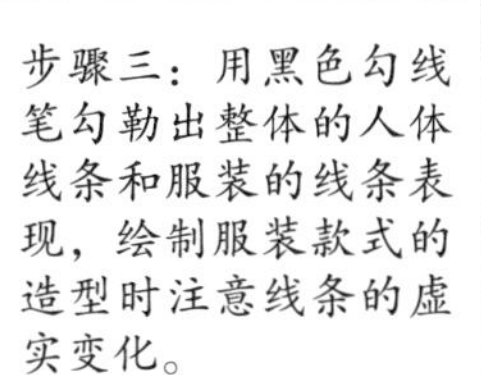

步骤三：用黑色勾线笔勾勒出整体的人体线条和服装的线条表现，绘制服装款式的造型时注意线条的虚实变化。

步骤四：用G26号色马克笔画出皮肤的底色，再用G170号色马克笔画出头发的固有色，亮面直接留白处理。

步骤五：根据光源的变化，用G48号色马克笔加深皮肤的暗部，再用G102号色马克笔画出头发的暗部颜色，注意用笔的转折表现。

步骤六：先用黑色勾线笔处理好发丝的变化，再用G65号色、G102号色和G80号色马克笔分别画出眼影、眼珠和嘴唇的颜色表现。

步骤七：用 NG4 号色马克笔画出裙子的底色，运笔时根据服装的转折变化进行上色。

步骤八：用 NG8 号色马克笔加深裙子的暗部颜色表现。

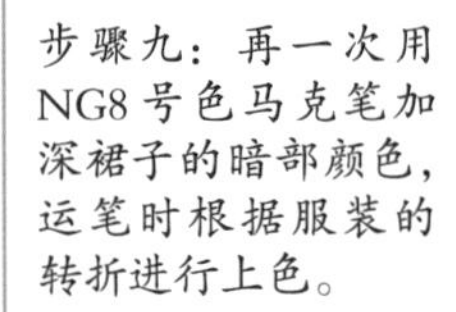

步骤九：再一次用 NG8 号色马克笔加深裙子的暗部颜色，运笔时根据服装的转折进行上色。

步骤十：用 NG8 号色和 G182 号色马克笔画出鞋子的固有色，根据光源的变化，明确表现出鞋子的明暗变化。

步骤十一：用高光笔画出裙子的线迹表现，最后再用高光笔画出头发、裙子和鞋子的高光表现。

图案T恤

这款T恤采用图案元素的设计，再搭配圆领、中袖的造型表现以及下摆收腰的处理，展现了服装的休闲感以及时尚感。

步骤一：先用自动铅笔勾勒出头部的外轮廓形状，再画出躯干的动态变化线条以及四肢的线条表现。

步骤二：用自动铅笔细致刻画五官的线条表现，再画出头发的轮廓线条，最后根据人体动态变化，画出整体服装的轮廓线条以及内部的褶皱线条变化。

提示：面部五官要表现好看，就要注意五官的比例关系。

步骤三：先用棕色针管笔画出人体的轮廓线条以及五官的线条表现，再用黑色勾线笔画出整体服装的线条变化，以及内部褶皱线的虚实变化。

步骤四：先用G26号色马克笔平铺皮肤的底色，再用G48号色马克笔画出皮肤的暗部颜色，暗部颜色的绘制根据光源的变化处理。

步骤五：绘制头发的颜色，先用G177号色马克笔加深头发的暗面，注意用笔的转折变化，再用G170号色马克笔画出头发的固有色。

步骤六：绘制面部的妆容颜色，先用G170号色马克笔加深眼窝的暗部，再用G65号色马克笔画出眼影的颜色，最后用G183号色和G72号色马克笔画出眼珠以及嘴唇的固有色。

步骤七：先用G201号色马克笔画出图案的固有色，再用NG4号色马克笔画出T恤褶皱线位置的暗面颜色。

步骤八：先用NG4号色马克笔平铺裤子的底色，再用NG8号色马克笔加深裤子的暗部以及褶皱的阴影位置，注意用笔的转折变化。

步骤九：用NG8号色马克笔画出鞋子的固有色，高光位置注意留白，再用高光笔画出T恤和裤子的高光颜色。

翻领褶皱雪纺衫

这款雪纺衫运用翻领、门襟褶皱的造型设计，在材质上面采用珠片和雪纺两种面料搭配，展现了女性的优雅气质。

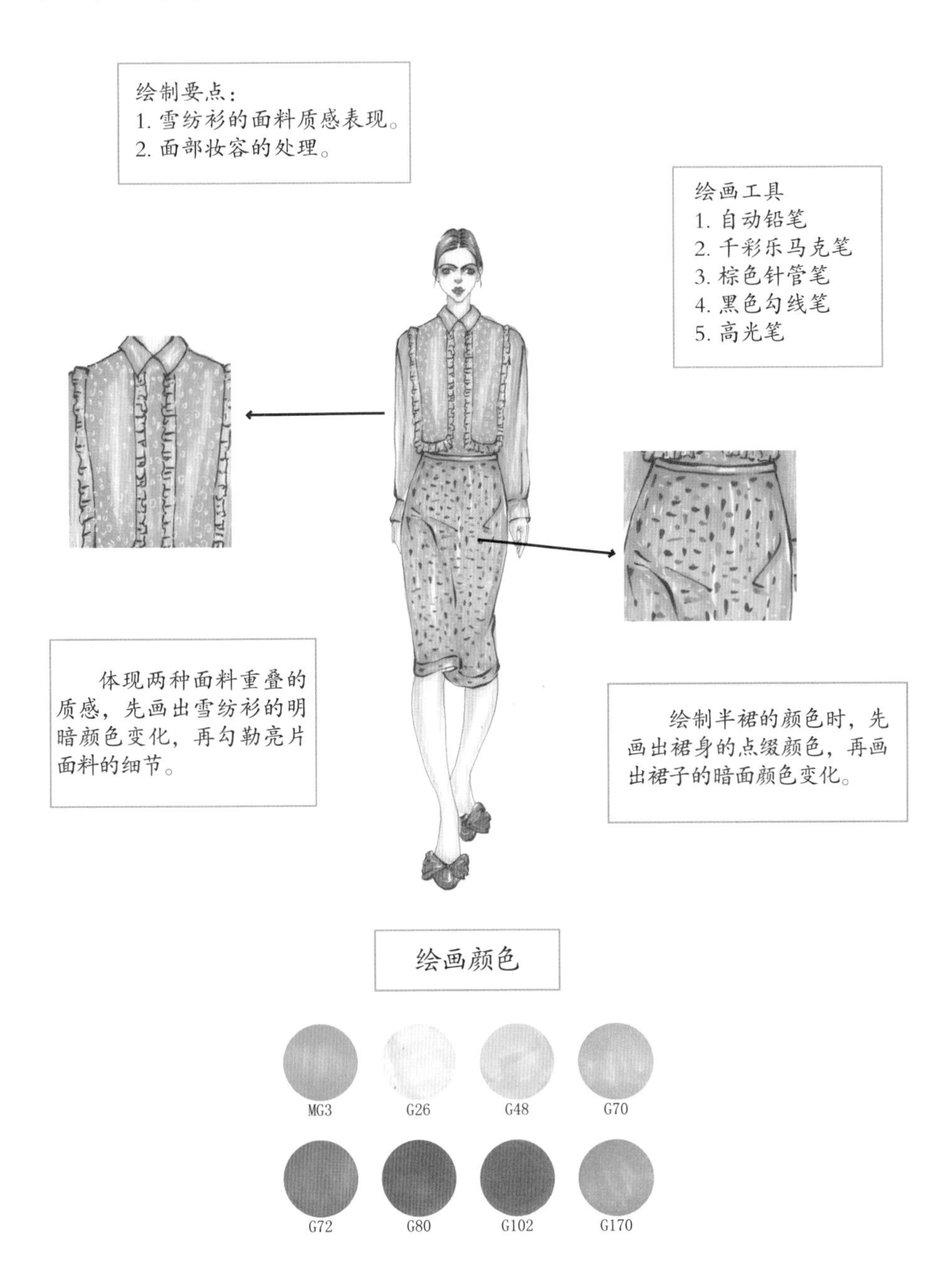

步骤一：先用自动铅笔画出头部的轮廓线条，再根据头部的轮廓线条变化，画出人体的动态变化线条表现。

步骤二：用自动铅笔画出面部五官的线条以及头发的线条表现，再画出雪纺衫和半裙的轮廓线条以及内部的细节线条变化。

提示：绘制半裙的线条时，注意根据腿部的动态变化进行表现。

步骤三：先用棕色针管笔画出人体的轮廓线条以及五官线条，再用黑色勾线笔绘制出头发、雪纺衫、半裙以及鞋子的轮廓线条表现。

步骤四：绘制皮肤的颜色。用G48号色马克笔加深五官暗面以及脖子、手部和腿部的暗面颜色，再用G26号色马克笔平铺皮肤的底色。

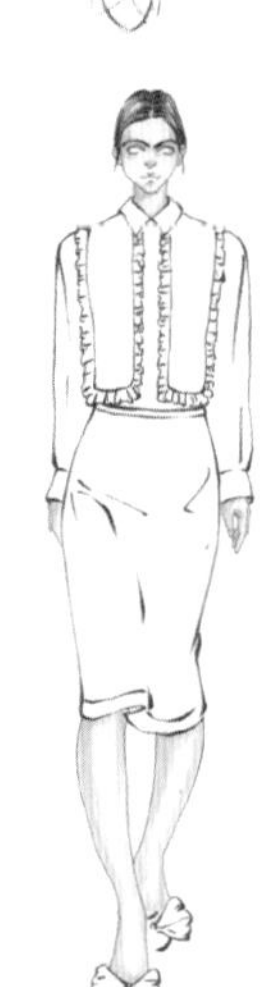

步骤五：画出头发的颜色表现。先用G170号色马克笔平铺头发的底色，再用G102号色马克笔加深头发的暗面，亮面直接留白处理。

步骤六：绘制精致的五官。先用棕色针管笔加深眼睛的轮廓颜色，再用G170号色马克笔画出眼影的颜色变化，最后用G102号色和G80号色马克笔画出眼珠和嘴唇的固有色。

步骤七：用G70号色马克笔平铺雪纺衫的底色，亮面直接留白，再用G70号色马克笔加深雪纺衫的暗面颜色，丰富雪纺衫的颜色变化。

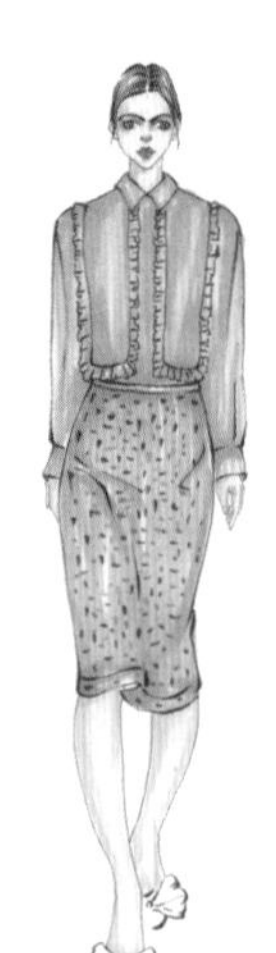

步骤八：先用G102号色、G80号色以及G170号色马克笔画出半裙的点缀颜色，再用MG3号色马克笔画出半裙的明暗颜色变化。

步骤九：先用G72号色马克笔画出鞋子的固有色，再用高光笔画出半裙以及鞋子的高光位置，最后用高光笔勾勒出雪纺衫的亮片面料质感。

束口宽松衬衫

这款衬衫采用简单的白色面料，搭配翻领以及喇叭束扣的造型设计，既能展现简洁的视觉效果，也可以体现女性的气质。

绘制要点：
1. 衬衫的造型线条的处理。
2. 鞋子的前后关系变化以及轮廓绘制。

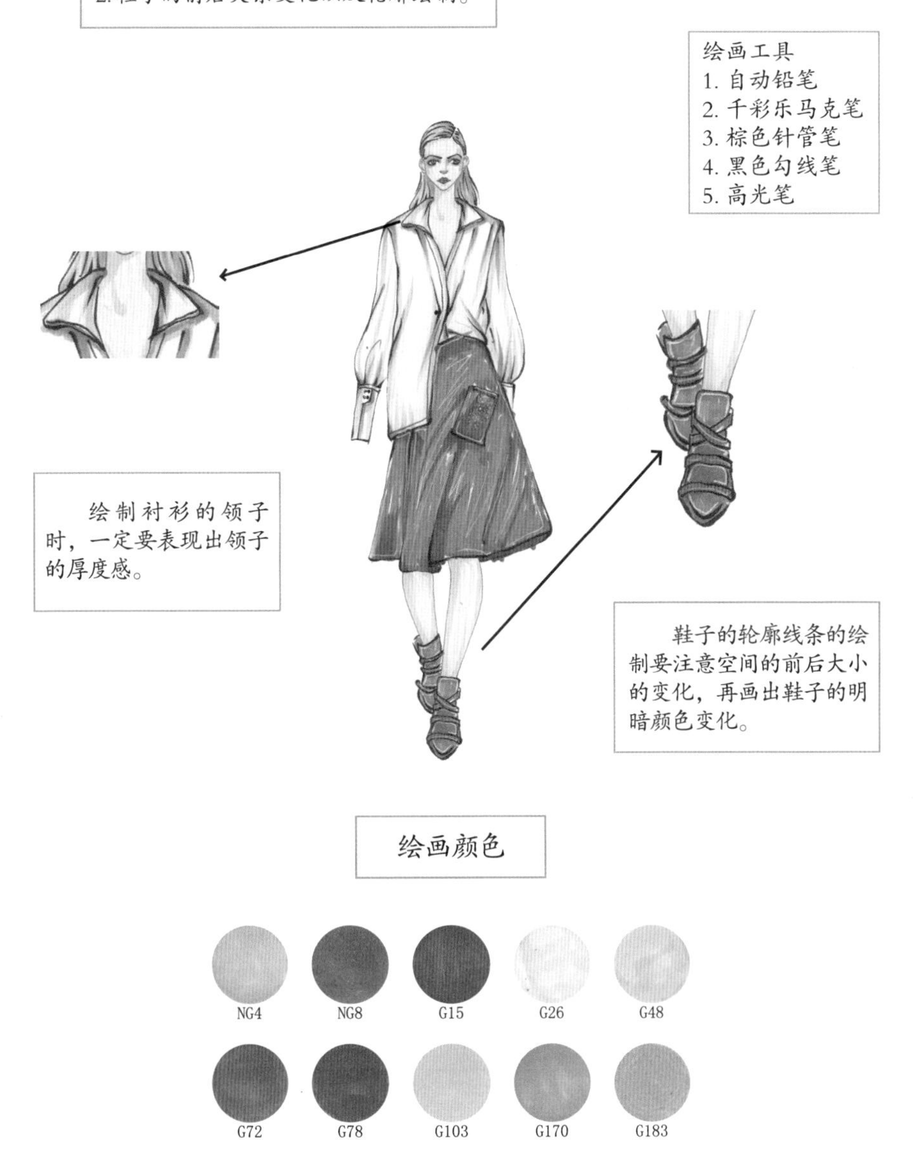

步骤一：用自动铅笔勾勒出头部的外轮廓线条，再画出躯干的动态变化以及四肢的线条表现。

步骤二：用自动铅笔勾勒出五官的轮廓线条变化以及头发的轮廓线条，再画出衬衫和半裙的轮廓线条以及内部的褶皱线。

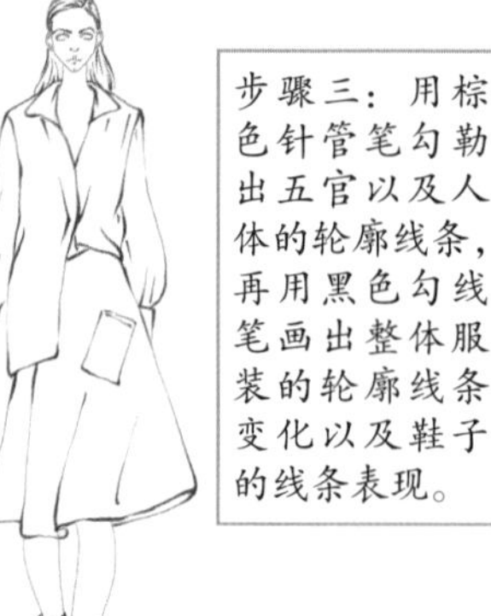

步骤三：用棕色针管笔勾勒出五官以及人体的轮廓线条，再用黑色勾线笔画出整体服装的轮廓线条变化以及鞋子的线条表现。

提示：绘制鞋子的轮廓线条时，注意根据腿部的变化来绘制出前后的变化表现。

步骤四：绘制出皮肤的颜色。用G26号色马克笔和G48号色马克笔画出皮肤的明暗颜色变化，注意暗面的颜色根据光源的变化进行上色。

步骤五：画出头发的颜色。先用G103号色马克笔平铺头发的底色，再用G170号色马克笔画出头发的暗部颜色，头发的高光位置运用留白的方式处理。

步骤六：绘制面部的妆容颜色。先用G170号色马克笔画出眼部的阴影，再用G183号色马克笔绘制眼珠的颜色，最后用G78号色马克笔画出嘴唇的固有色。

步骤七：绘制白色衬衫的颜色，只需要画出暗面的颜色，用NG4号色马克笔画出领子、褶皱线以及袖口的暗面颜色，注意用笔的转折变化。

步骤八：先用G72号色马克笔画出半裙的底色，再用G15号色马克笔画出半裙的暗面颜色以及褶皱线的阴影。

步骤九：用NG8号色和G72号色马克笔画出鞋子的固有色，再用NG8号色马克笔画出半裙的装饰颜色，最后用高光笔勾勒半裙以及鞋子的高光颜色。

翻领门襟针织衫

这款针织衫的设计运用Polo衫领口的设计，非常展现女性的青春俏皮气质，再搭配短袖以及宽松下摆的造型，是一款非常百搭的服装。

步骤一：用自动铅笔画出头部的轮廓，再画出人体的动态变化表现，注意腿部的前后关系。

步骤二：用自动铅笔画出面部五官以及头发的轮廓线条，再勾勒出针织衫、半裙以及鞋子的轮廓线条变化。

提示：绘制头发线条时，要注意根据头部的转动进行处理。

步骤三：先用棕色针管笔勾勒出五官以及人体的轮廓线条，再用黑色勾线笔画出头发的线条，最后画出针织衫、半裙以及鞋子的轮廓线条表现。

步骤四：画出皮肤的颜色。用G26号色马克笔平铺皮肤的底色，再用G48号色马克笔画出皮肤的暗部。

步骤五：绘制头发的颜色。先用G102号色马克笔勾勒出头发的暗面，再用G170号色马克笔画出头发的底色，高光位置留白处理。

步骤六：先用G170号色马克笔画出眼影的颜色，再用G183号色马克笔画出眼珠的颜色，最后用G78号色马克笔画出嘴唇的颜色。

步骤七：先用NG4号色马克笔画出针织衫的明暗颜色变化，再用G72号色马克笔画出领子的明暗变化。

步骤八：先用黑色勾线笔勾勒出针织衫的细节表现，再用NG4号色马克笔画出半裙的暗面，最后用黑色勾线笔勾勒出牛仔半裙的线迹。

步骤九：用NG8号色马克笔画出鞋子的固有色，再用高光笔勾勒出针织衫和鞋子的高光位置。

宽松长款牛仔裤

这款牛仔裤属于休闲系列服装，运用大宽摆的裤摆设计，搭配同样休闲的牛仔外套，在视觉上展现女性的舒适感。

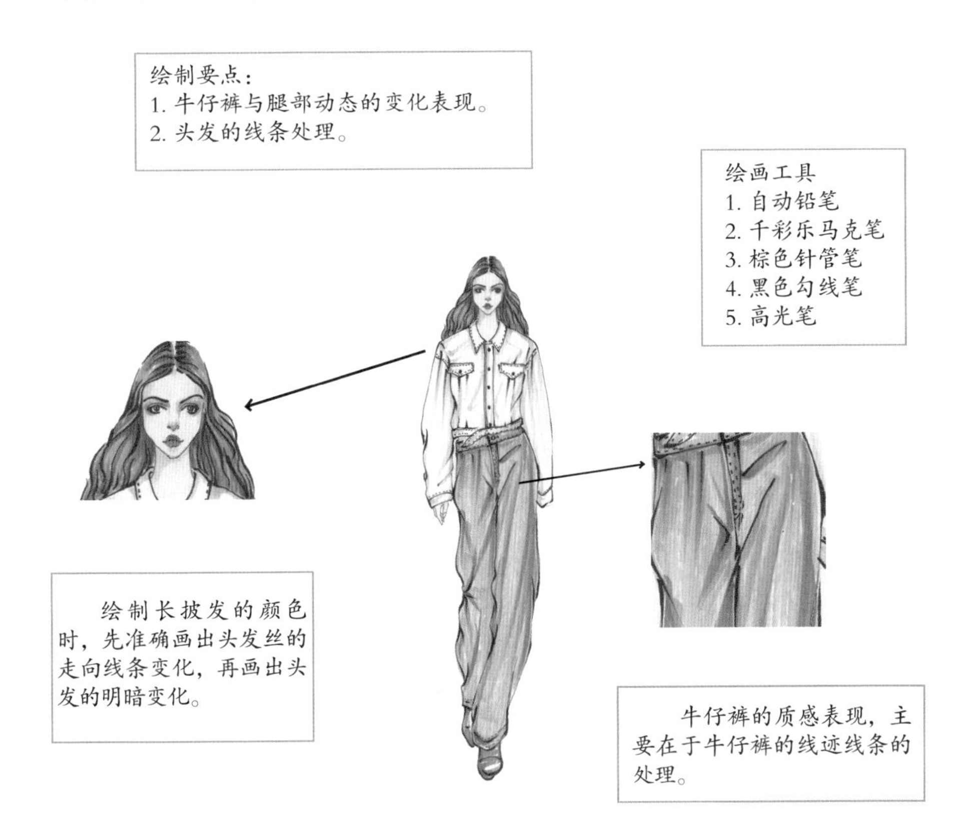

绘画颜色

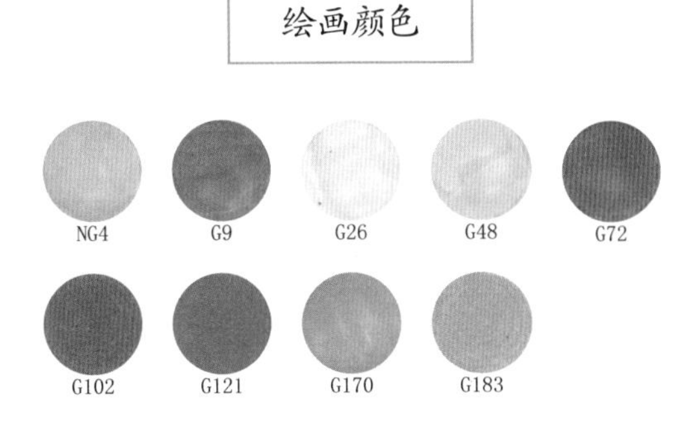

步骤一：用自动铅笔勾勒出头部的轮廓线条，再画出人体的动态表现，注意腿部的前后空间变化关系。

步骤二：用自动铅笔勾勒出面部五官以及头发的线条变化表现，再画出外套的轮廓线条以及内部细节，最后画出牛仔裤的轮廓线条表现。

提示：绘制宽松牛仔裤的线条时，注意根据腿部的变化进行绘制，用笔也要流畅表现。

步骤三：先用棕色针管笔画出面部五官以及人体的轮廓线条，再用黑色勾线笔勾勒出外套以及牛仔裤的轮廓线条，注意用笔的虚实变化。

步骤四：绘制皮肤的颜色。先用G48号色马克笔加深皮肤的暗面颜色，再用G26号色马克笔平铺皮肤的底色。

步骤五：画出头发的颜色。先用G170号色马克笔画出头发的底色，再用G102号色马克笔勾勒出头发的暗面颜色，注意用笔的转折变化。

步骤六：先用棕色针管笔加深眼部轮廓线条，再用G170号色马克笔画出眼影的颜色，最后用G183号色和G72号色马克笔画出眼珠以及嘴唇的固有色。

步骤七：用NG4号色马克笔画出白色外套的暗面颜色，再用黑色勾线笔画出外套内部的线迹线条以及门襟位置的纽扣。

步骤八：绘制牛仔裤的颜色。先用G183号色马克笔画出牛仔裤的底色，再用G9号色马克笔画出牛仔裤的暗部颜色，注意用笔的变化。

步骤九：先用G121号色马克笔画出鞋子的固有色，再用黑色勾线笔画出牛仔裤的线迹表现，最后用高光笔画出牛仔裤和鞋子的高光颜色。

插袋卷边短裤

这款短裤属于休闲系列的服装，采用高腰的造型搭配插袋的设计，再搭配亮片衬衫的造型表现，展现了女性的时尚气质。

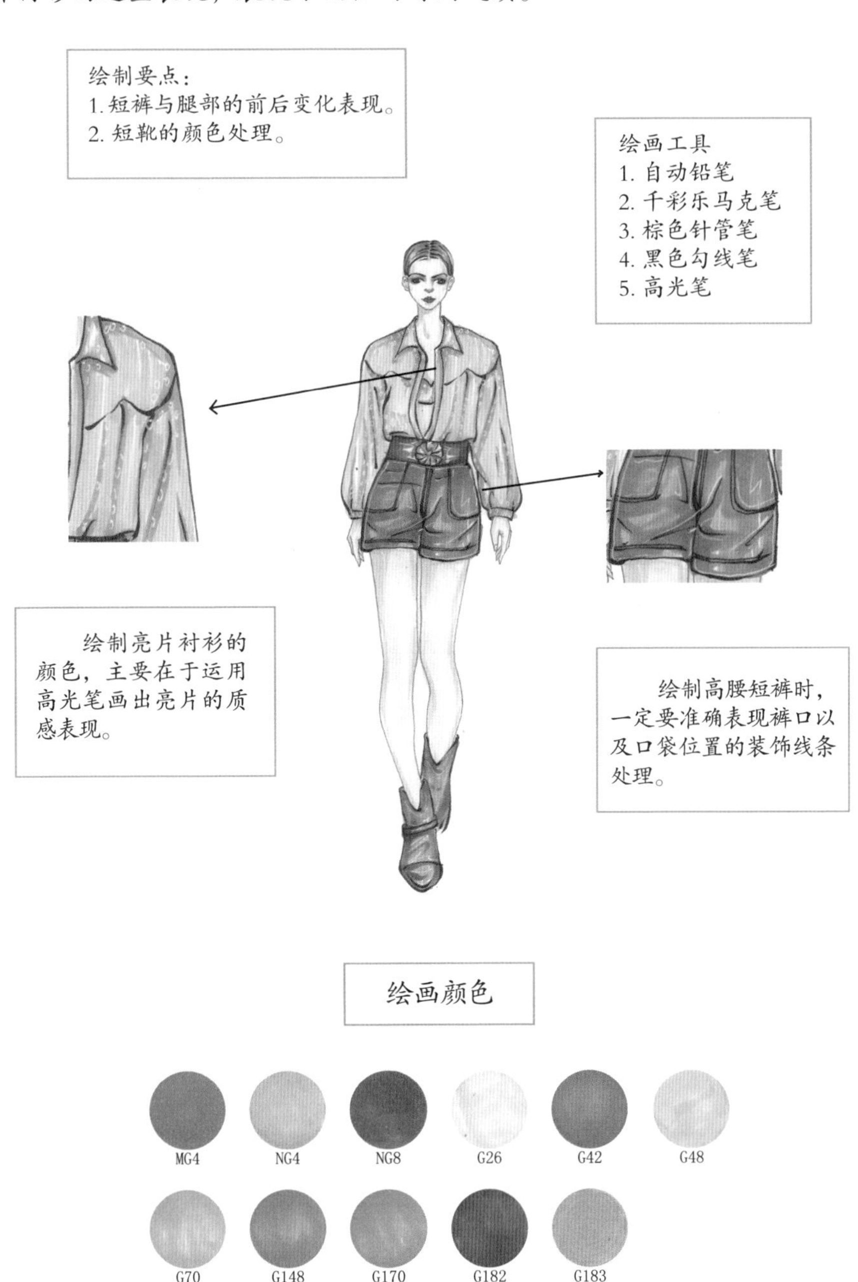

步骤一：用自动铅笔先绘制出头部的轮廓线条，再画出躯干的动态以及四肢的线条表现。

步骤二：用自动铅笔先勾勒出五官的轮廓线条以及头发的线条表现，再根据人体动态的变化，画出整体服装的轮廓线条以及内部的细节线条。

步骤三：先用棕色针管笔画出五官的轮廓线条以及人体的轮廓线条，再用黑色勾线笔勾勒出头发的线条，最后画出整体服装的轮廓线条以及鞋子的线条表现。

步骤四：绘制皮肤的颜色，用G26号色马克笔画出皮肤的底色，再用G48号色马克笔画出皮肤的暗面颜色。

步骤五：画出头发的颜色，先用NG8号色马克笔画出头发的暗面，再用NG4号色马克笔画出头发的固有色。

步骤六：绘制面部妆容。先用G183号色马克笔画出眼珠的颜色，再用G170号色马克笔画出眼影的颜色，最后用G70号色马克笔画出嘴唇的固有色。

步骤七：用G70号色马克笔画出上衣的明暗颜色变化，注意表现领子的厚度，再用NG4号色马克笔画出内搭的颜色。

步骤八：用NG4号色和G182号色马克笔画出腰带的颜色，再用G148号色马克笔平铺短裤的底色，最后用G42号色马克笔画出短裤的暗面颜色以及褶皱线的暗部。

步骤九：用MG4号色马克笔绘制出鞋子的明暗颜色，再用高光笔勾勒出衬衫的质感表现以及鞋子和短裤的高光颜色。

蕾丝透明吊带上衣

吊带上衣属于比较简单、轻薄的服装，吊带上衣的设计主要在于面料的变化以及图案的设计表现。

绘制要点：
1. 把握好人体动态的特征以及服装的比例 关系，要准确。
2. 明确面部明暗的表现，注意运笔的处理。

注意吊带上衣的蕾丝质感表现以及图案的颜色处理。

面部、头发和帽子的明暗颜色处理都是根据光源的变化进行颜色的表现。

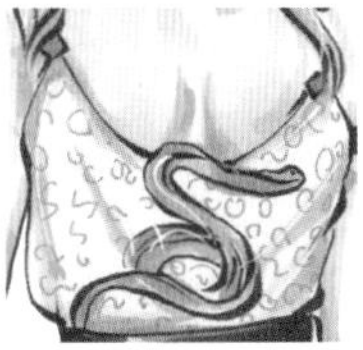

根据运笔的技法来表现百褶裙的质感，明确明暗的颜色变化。

绘画工具
1. 自动铅笔
2. 千彩乐马克笔
3. 黑色勾线笔
4. 高光笔

绘画颜色

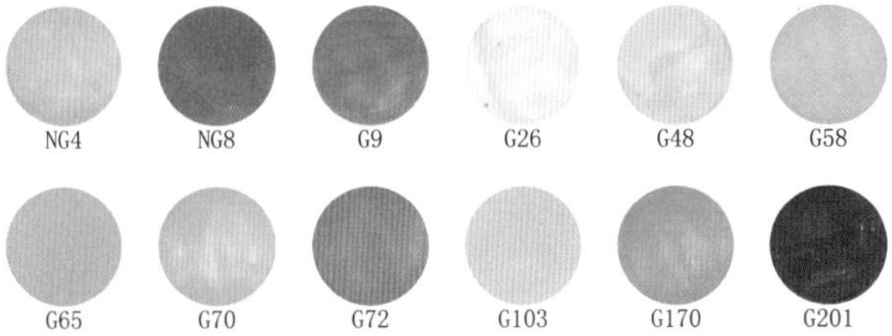

NG4 NG8 G9 G26 G48 G58

G65 G70 G72 G103 G170 G201

步骤一：画出人物的头长，再明确人体的中心线，最后画出人体的体块以及动态的变化表现。

步骤二：根据人体的动态表现，画出服装的整体造型表现，注意服装的比例关系。

步骤三：用黑色勾线笔画出人体线条以及服装的整体线条，注意服装线条的虚实表现。

步骤四：根据模特本身的肤色来表现，先用G26号色马克笔画出皮肤的底色，再用G48号色马克笔加深皮肤的暗部，最后用G65号色马克笔加强皮肤的暗面。

步骤五：用G65号色马克笔再一次加深眼部、鼻底、面颊位置的暗部颜色，再用G170号色和G70号色马克笔画出眼珠和嘴唇的颜色表现。

步骤六：先用G103号色马克笔画出头发的底色，再用G170号色马克笔加深头发的暗部颜色。

步骤七：用G72号色马克笔画出帽子的明暗颜色表现，再用NG4号马克笔画出耳环的固有色。

步骤八：用G58号色和G103号色马克笔画出上衣的颜色表现，注意表现蕾丝的细节。

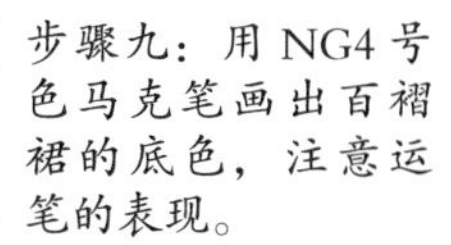

步骤九：用NG4号色马克笔画出百褶裙的底色，注意运笔的表现。

步骤十：用NG8号色马克笔加深半裙的暗部颜色，注意运笔根据裙子的线条来表现，最后用G201号色马克笔加深腰部的颜色表现。

步骤十一：用NG8号色马克笔画出手提包的明暗颜色表现，最后用G9号色马克笔画出鞋子的明暗颜色表现。

步骤十二：用高光笔画出整体服装的高光位置以及鞋子的高光表现。

无袖翻驳领马甲

这款无袖马甲的设计非常体现时尚的视觉效果，运用两边不对称的设计，巧妙搭配西装领的设计。

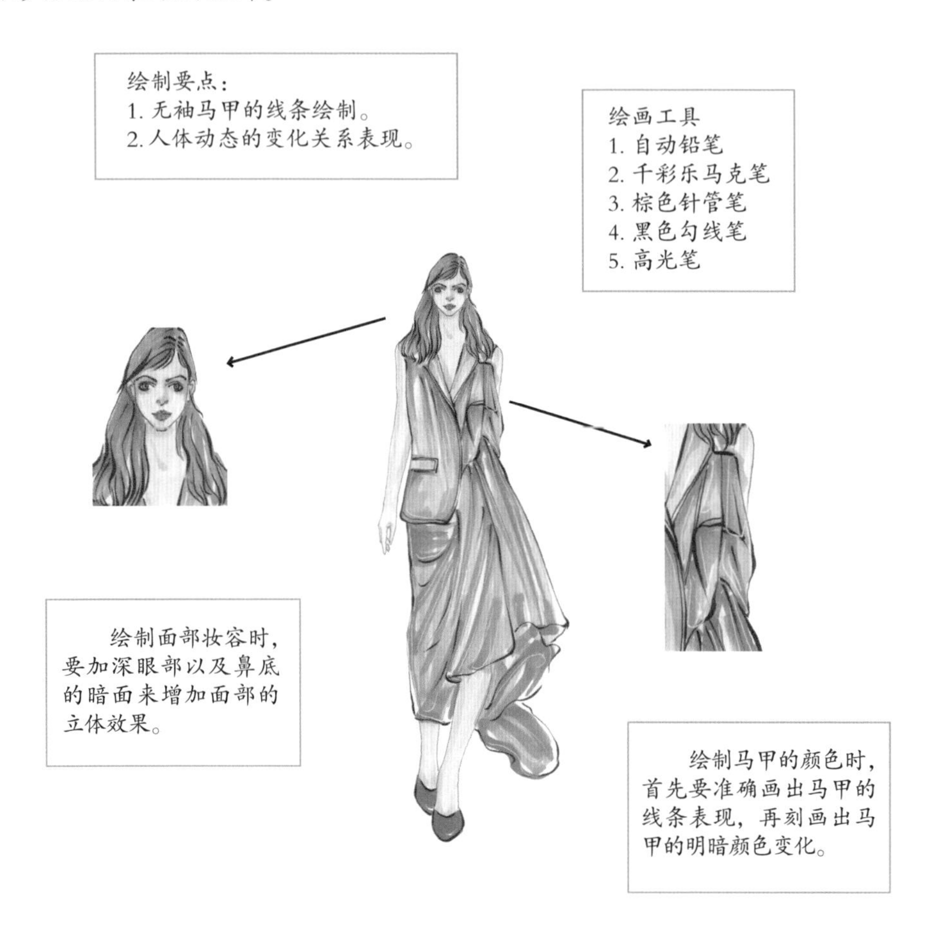

绘画颜色

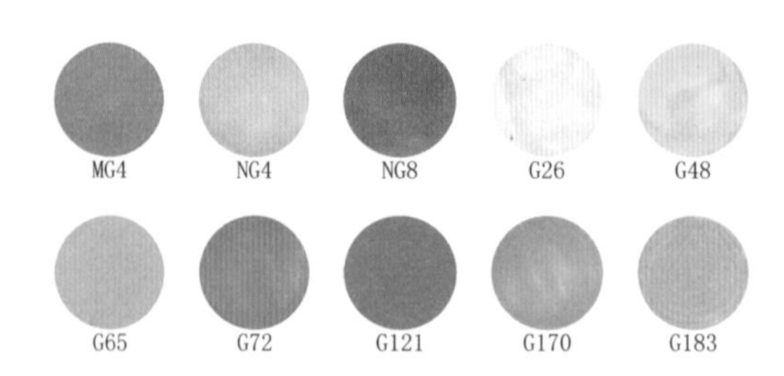

步骤一：用自动铅笔画出头部的轮廓线条，再画出人体的动态表现，注意腿部的前后空间变化表现。

步骤二：用自动铅笔勾勒出面部五官以及头发的轮廓线条，再根据动态的变化，画出整体服装的轮廓线条以及鞋子的线条表现。

提示：绘制无袖马甲的线条时，注意仔细刻画马甲的内部细节线条以及褶皱线条表现。

步骤三：先用棕色针管笔画出五官轮廓线条以及人体的轮廓线条表现，再用黑色勾线笔画出头发的线条以及整体服装的线条表现，最后画出鞋子的线条。

步骤四：画出皮肤的颜色，用G26号色马克笔平铺皮肤的底色，再用G48号色马克笔加深皮肤的暗部颜色，尤其是眼部以及鼻底的暗面。

步骤五：画出头发的颜色表现，用G170号色马克笔画出头发的底色，再用MG4号色马克笔画出头发的暗部颜色，注意用笔的变化表现。

步骤六：先用G170号色马克笔画出眼影的颜色，再用NG8号色马克笔画出眼珠的颜色，最后用G72号色马克笔画出嘴唇的固有色。

步骤七：先用NG4号色马克笔画出马甲的底色，再用NG8号色马克笔加深褶皱位置的暗部颜色，丰富马甲的层次视觉效果。

步骤八：用NG4号色马克笔平铺半裙的底色，再用NG8号色马克笔加深半裙的暗面颜色，注意用笔的变化根据褶皱线的变化来处理。

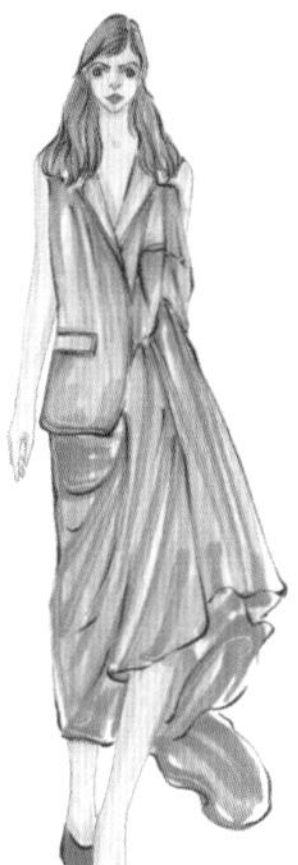

步骤九：用G121号色马克笔画出鞋子的固有色，再用高光笔画出整体服装的高光颜色以及鞋子的高光。

圆领褶皱不对称连衣裙

这款连衣裙的设计采用不对称的长袖以及褶皱线的造型设计，再搭配腰部的束腰装饰，展现了女性的时尚效果。

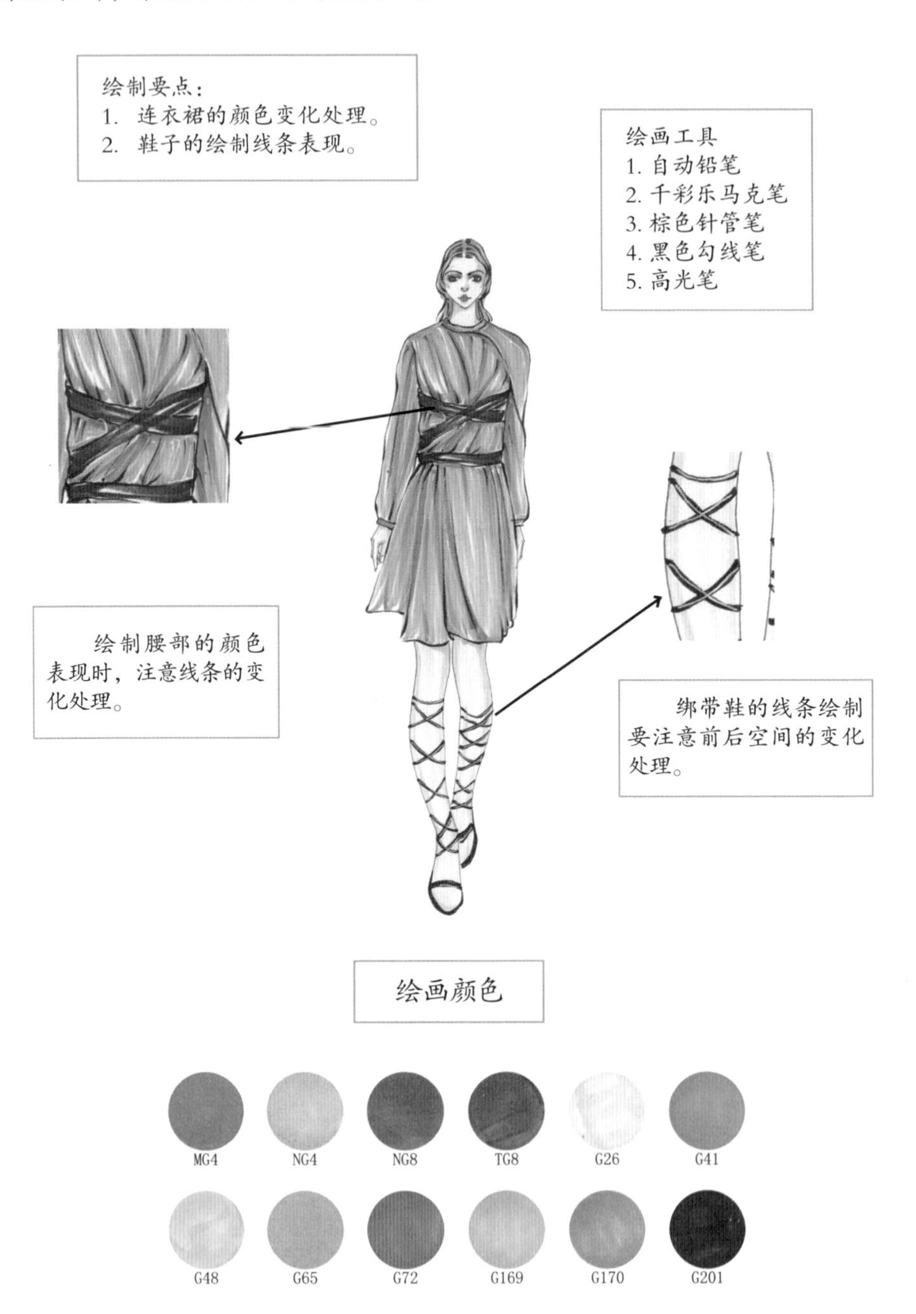

步骤一：用自动铅笔先画出头部的轮廓线条，再画出躯干的动态变化以及四肢的线条表现。

步骤二：用自动铅笔先勾勒出面部五官以及头发的线条表现，再画出连衣裙和鞋子的线条处理。

提示：绘制裙子腰部线条时，注意腰带与腰部褶皱的变化处理表现。

步骤三：用棕色针管笔画出五官的轮廓线条和人体的轮廓线条表现，再用黑色勾线笔画出头发的轮廓线条以及连衣裙的线条表现，最后画出鞋子的线条表现。

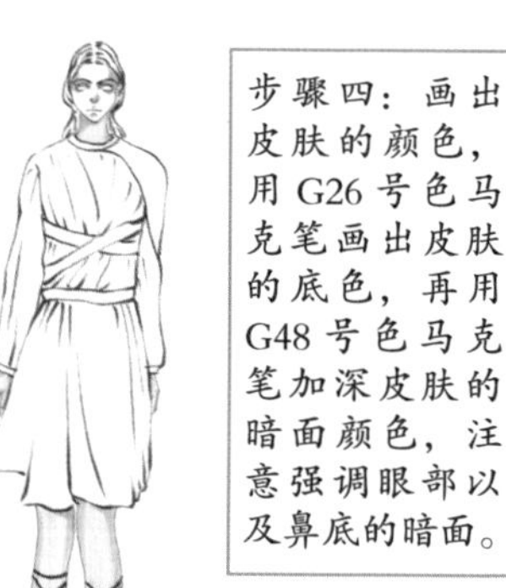

步骤四：画出皮肤的颜色，用G26号色马克笔画出皮肤的底色，再用G48号色马克笔加深皮肤的暗面颜色，注意强调眼部以及鼻底的暗面。

步骤五：先用G169号色马克笔平铺头发的底色，再用G42号色马克笔加深头发的暗部，头发的高光采用留白的方式处理。

步骤六：画出面部的妆容。先用G170号色马克笔加深眼影的颜色，用NG4号色马克笔画出眼珠的颜色，再用G65号色马克笔画出腮红的颜色，最后用G72号色马克笔画出嘴唇的固有色。

步骤七：用MG4号色马克笔平铺连衣裙的底色，注意用笔的转折变化关系根据裙子的走向进行绘制。

步骤八：先用TG8号色马克笔加深连衣裙的暗部颜色以及褶皱线的暗面，再用G201号色马克笔画出腰带的固有色。

步骤九：先用NG8号色马克笔画出鞋子的固有色，再用高光笔画出连衣裙的高光位置以及鞋子的高光处理。

长摆拼接面料半裙

这款半裙采用拼接面料的设计，前片运用绑带的造型表现，搭配短裤露腰的吊带，既能展现服装的休闲趣味，也能表现时装的时尚效果。

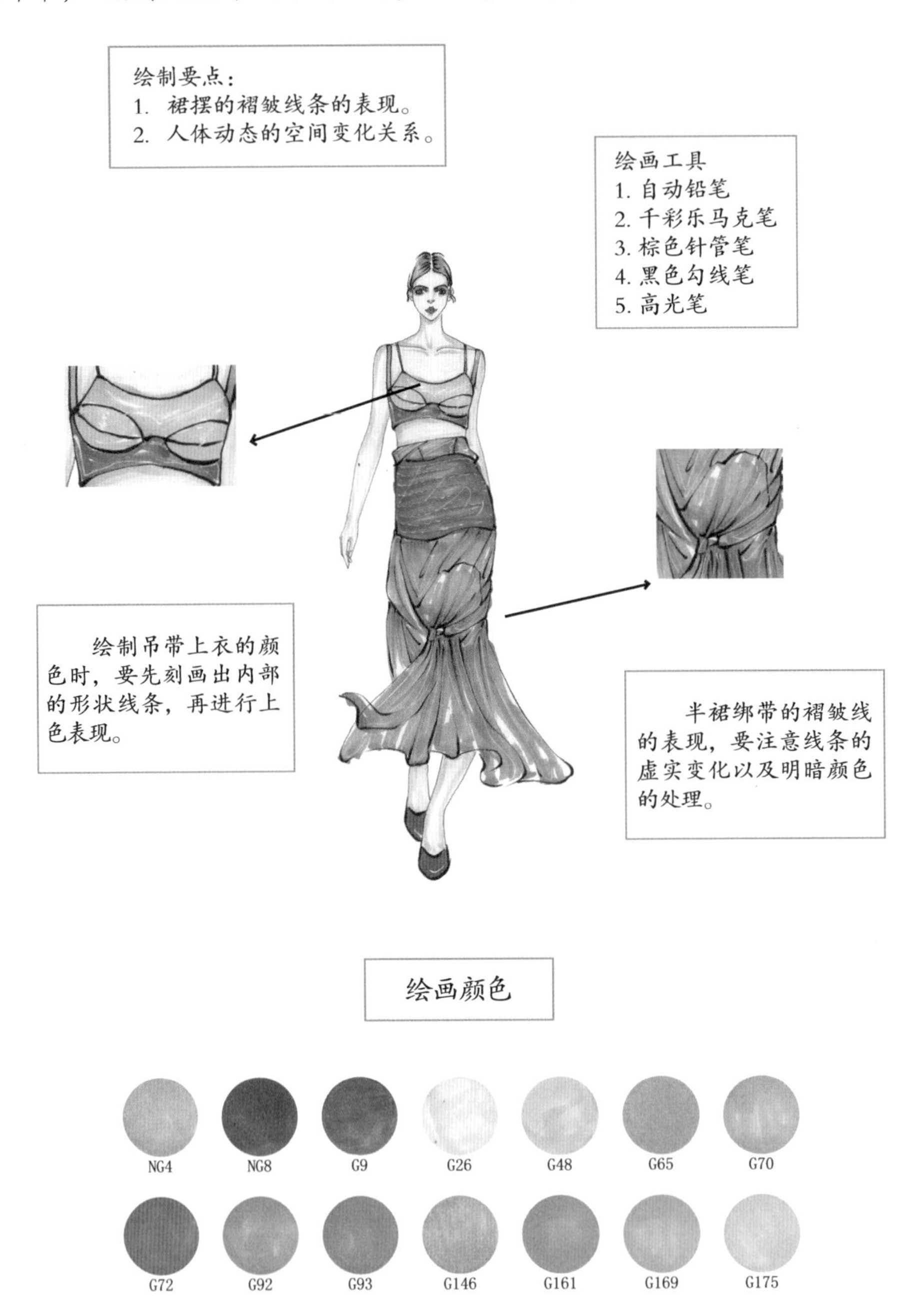

步骤一：先用自动铅笔画出头部的轮廓线条，再根据动态的变化，画出躯干的线条表现以及四肢的线条表现。

步骤二：用自动铅笔勾勒出面部五官的轮廓线条以及头发的线条表现，再画出整体服装的线条表现。

提示：绘制半裙裙摆位置的线条时，注意用笔的一气呵成表现，以及内部褶皱线的处理。

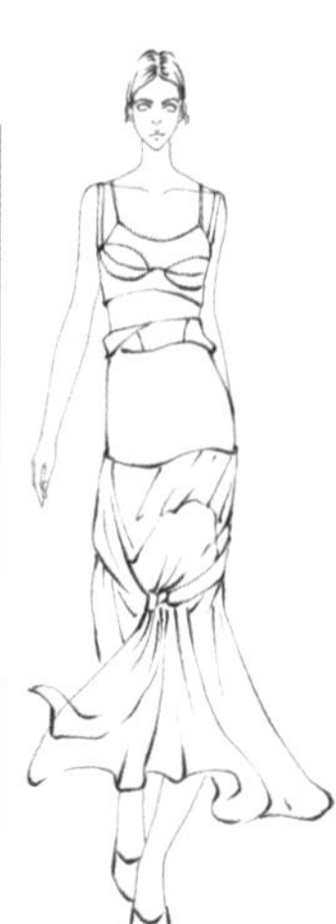

步骤三：先用棕色针管笔画出五官的轮廓线条以及人体的轮廓线条，再用黑色勾线笔勾勒出头发的轮廓线条、整体服装的虚实线条变化以及鞋子的线条。

步骤四：画出皮肤的明暗颜色变化，用G48号色马克笔加深皮肤色暗部颜色以及眼部的暗面，再用G26号色马克笔平铺皮肤的底色。

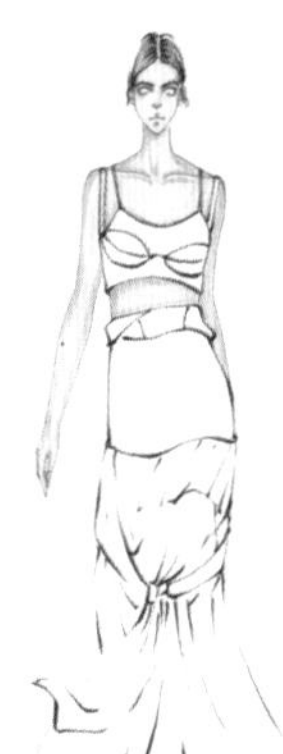

步骤五：画出头发的颜色变化，先用G169号色马克笔平铺头发的底色，再用G161号色马克笔加深头发的暗部颜色。

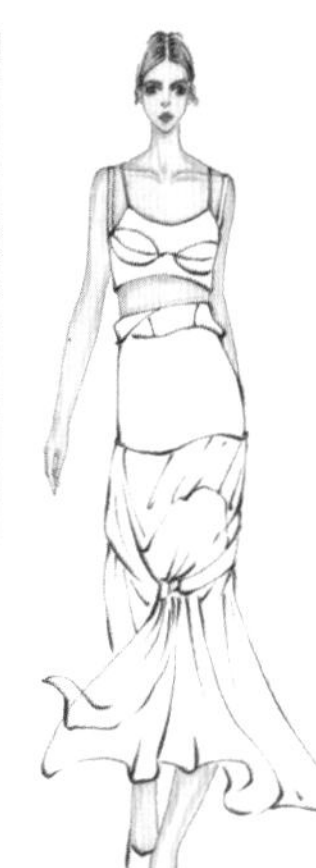

步骤六：画出面部的妆容，用G65号色马克笔加深眼部的阴影，再用NG4号色马克笔画出眼珠的颜色，最后用G70号色马克笔画出嘴唇的固有色。

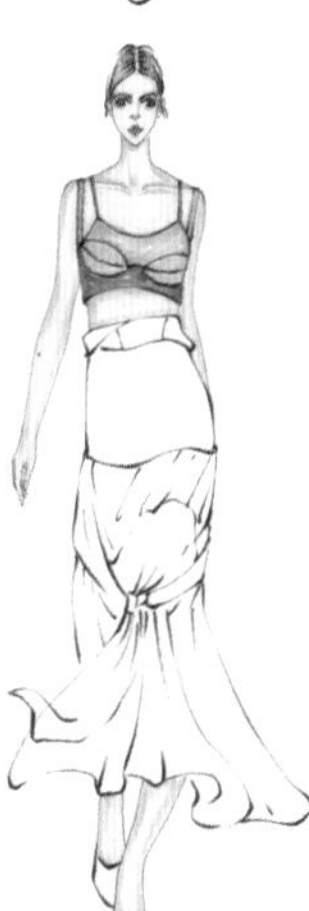

步骤七：用G92号色、G175号色、G169号色以及G9号色马克笔平铺上衣的固有色，高光位置直接留白。

步骤八：先用NG8号色马克笔画出腰部的固有颜色，再用G92号色马克笔画出裙摆的底色，最后再用G93号色马克笔加深裙摆褶皱线条的暗部颜色。

步骤九：用G72号色马克笔画出鞋子的固有色，再用高光笔画出上衣的高光位置，最后画出半裙的高光以及鞋子的高光表现。

A字线迹半裙

这款半裙的设计采用垂褶的裙摆设计，搭配插袋的造型表现，展现了女性的青春活泼气质。

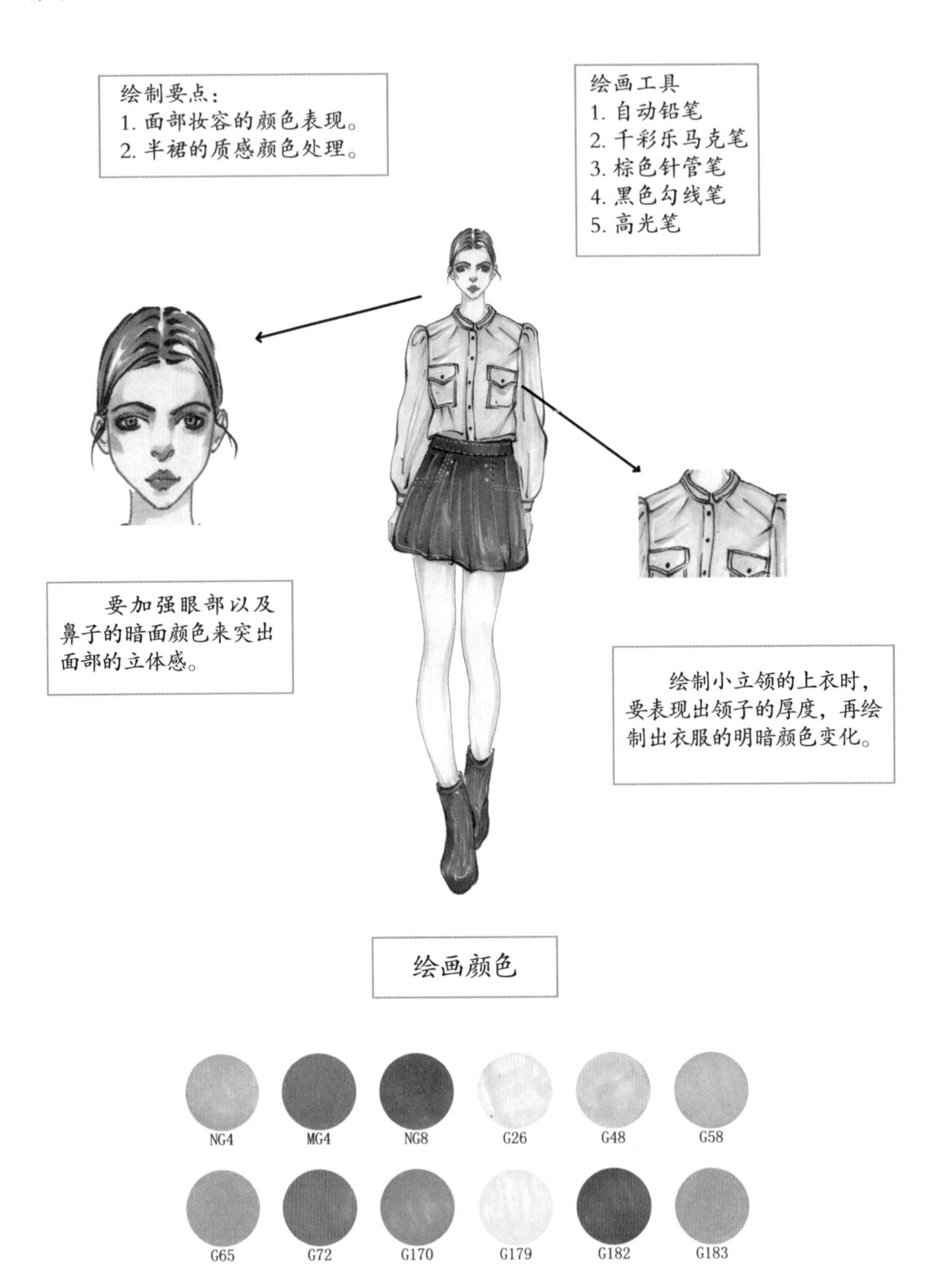

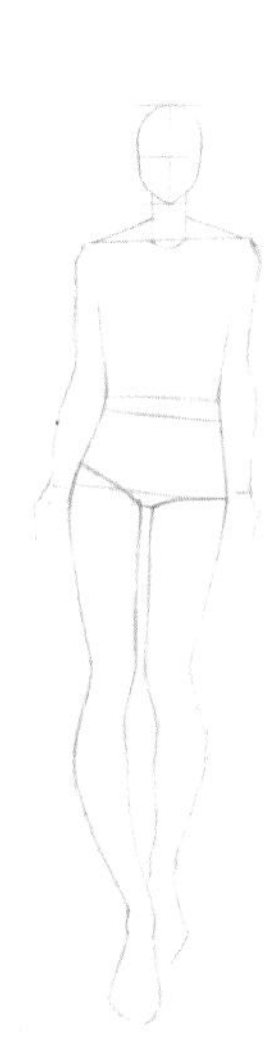

步骤一：用自动铅笔先画出头部的轮廓形状，再画出躯干的动态表现以及四肢的线条表现。

步骤二：用自动铅笔先勾勒出面部五官的线条以及头发的线条表现，再画出整体服装的外轮廓线条以及内部的褶皱线，最后画出鞋子的线条。

提示：绘制裙摆线条时要注意腿部的前后变化表现。

步骤三：先用棕色针管笔画出面部五官以及人体的轮廓线条，再用黑色勾线笔画出头发的线条，最后画出整体服装的虚实变化线条。

步骤四：用G26号色马克笔平铺皮肤的底色，再用G48号色马克笔加深眼部、鼻底、脖子、手臂及腿部的暗面颜色。

步骤五：画出头发的明暗颜色变化。先用MG4号色马克笔平铺头发的底色，亮部留白处理，再一次用MG4号色马克笔加深头发的暗面。

步骤六：先用棕色针管笔加深眼部的轮廓线条，再用G170号色马克笔画出眼部的阴影颜色，用G183号色马克笔画出眼珠的颜色，最后用G65号色和G72号色马克笔画出腮红以及嘴唇的固有色。

步骤七：用G179号色马克笔平铺上衣的底色，再用G58号色马克笔加深领子位置、褶皱线位置的暗面颜色。

步骤八：用NG4号色马克笔平铺半裙的底色，再用NG8号色马克笔加深半裙的暗部颜色，注意用笔的转折表现。

步骤九：用G182号色马克笔画出鞋子的固有色，注意表现鞋底的厚度，再用黑色勾线笔画出上衣的内部细节，最后用高光笔画出半裙的线迹以及鞋子的高光。

高腰侧开衩半裙

这款半裙采用侧开衩的造型设计，展现了女性的优雅魅力，再搭配简洁的衬衫，整体的视觉效果非常亮丽。

绘制要点：
1. 半裙产生的褶皱线条的表现。
2. 两腿之间的前后关系变化表现。

绘画工具
1. 自动铅笔
2. 千彩乐马克笔
3. 棕色针管笔
4. 黑色勾线笔
5. 高光笔

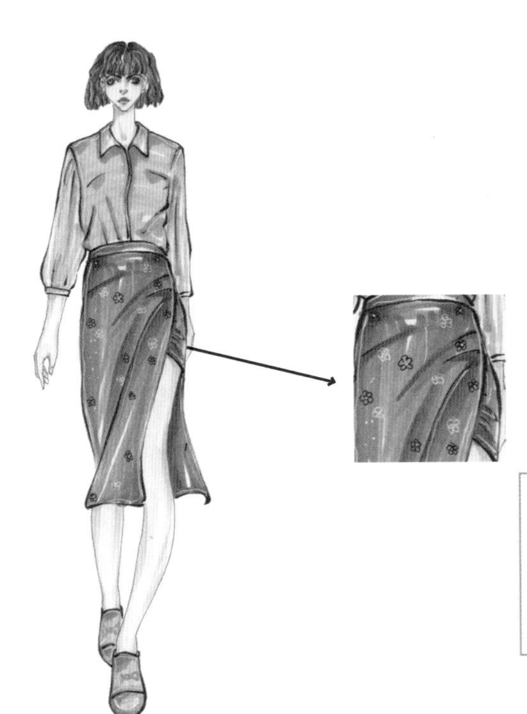

绘制半裙的质感表现时，先画出半裙的明暗颜色变化，再绘制出半裙表现的图案颜色。

绘画颜色

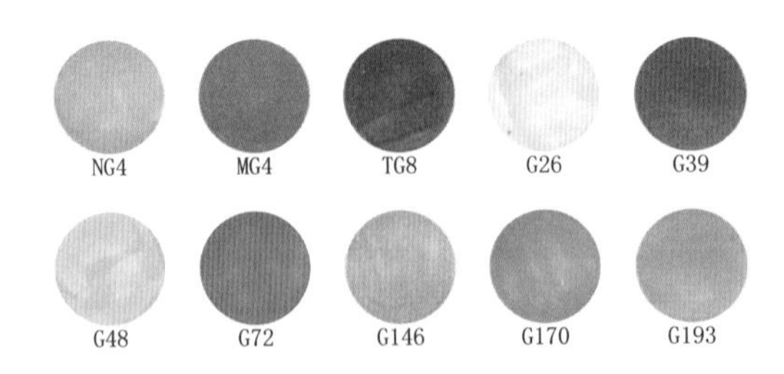

步骤一：用自动铅笔先画出头部的轮廓线条，再画出躯干的动态表现以及四肢的线条表现。

步骤二：用自动铅笔先勾勒出五官和头发的线条表现，再绘制出整体服装的外轮廓线条以及内部的褶皱线，最后画出鞋子的线条表现。

提示：绘制半裙的褶皱线时注意与两腿的空间变化关系。

步骤三：先用棕色针管笔画出五官的轮廓线条以及人体的外轮廓线条表现，再用黑色勾线笔勾勒出头发的线条以及整体服装的虚实线条表现，最后画出鞋子的线条表现。

步骤四：画出皮肤的颜色，先用G26号色马克笔平铺皮肤的底色，再用G48号色马克笔画出眼部、鼻底、脖子、手臂以及腿部的暗面颜色。

步骤五：绘制头发的颜色。先用MG4号色马克笔画出头发的底色，再用TG8号色马克笔加深头发的暗部颜色。

步骤六：先用G170号色马克笔画出眼部的暗面颜色，再用NG4号色马克笔画出眼珠的颜色，最后用G72号色马克笔画出嘴唇的固有色。

步骤七：先用G193号色马克笔画出衬衫的暗部颜色，只需要加强领子、褶皱线以及袖口位置的暗面颜色。

步骤八：用G146号色马克笔平铺衬衫的底色以及半裙的底色，再用G39号色马克笔加深半裙的暗部颜色，最后用黑色勾线笔画出裙子表现的图案。

步骤九：用NG4号色以及G170号色马克笔画出鞋子的固有色，再用高光笔画出半裙的高光位置以及鞋子的高光。

多层褶皱摆连衣裙

这款连衣裙非常有设计感，通过跨步位置进行多层下摆的造型设计，展现了服装时尚视觉效果。

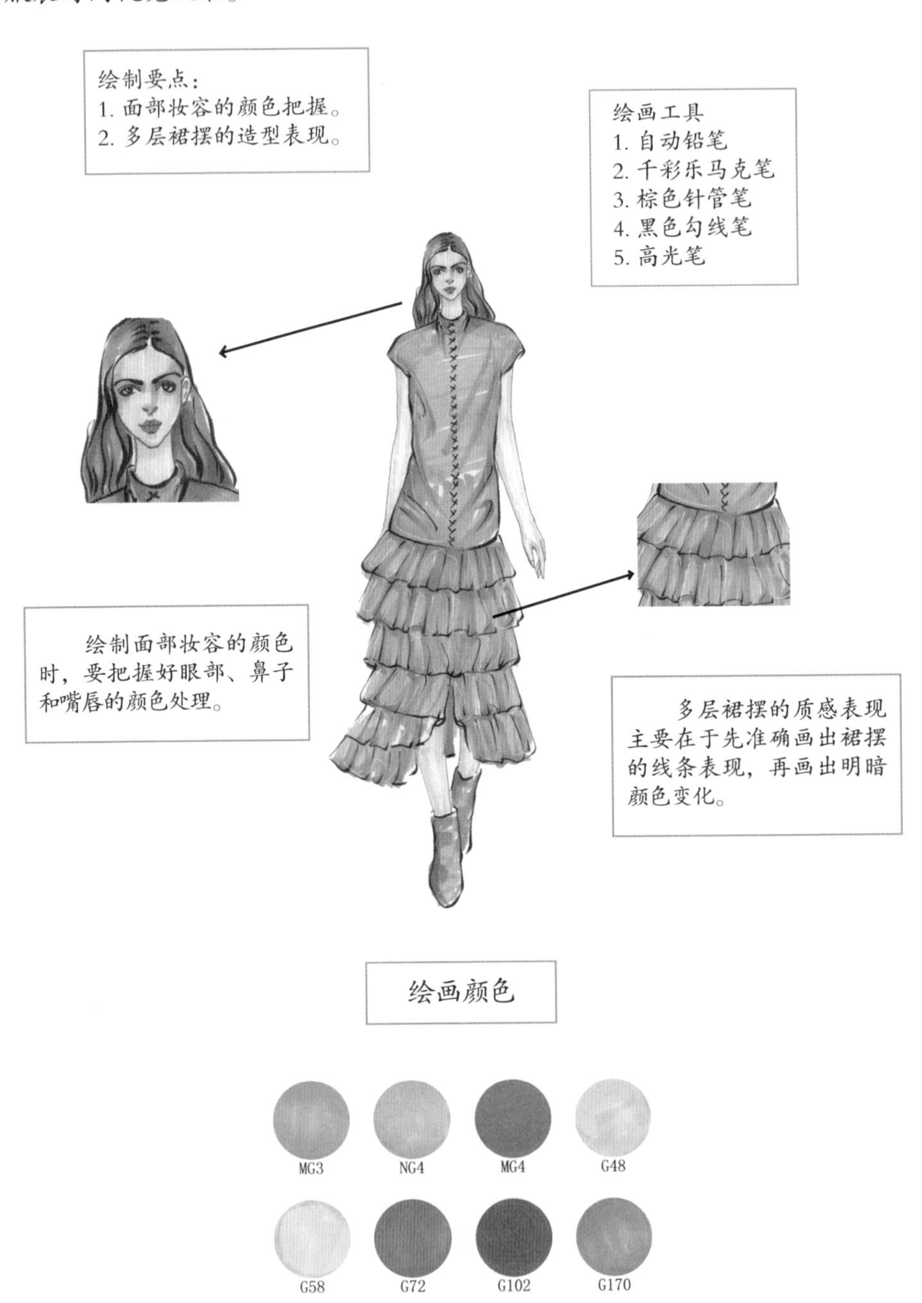

步骤一：用自动铅笔画出头部的外轮廓线条，再画出人体的躯干线条以及四肢的线条表现。

步骤二：用自动铅笔细致刻画面部五官线条以及头发的线条表现，再画出连衣裙的外轮廓线条以及内部褶皱线条。

提示：绘制裙摆时，注意最下面的裙摆是分开处理的线条表现。

步骤三：先用棕色针管笔画出五官的轮廓线条以及人体的轮廓线条，再用黑色勾线笔勾勒出连衣裙的虚实变化线条以及鞋子的轮廓线条表现。

步骤四：用G48号色马克笔加深眼部、鼻底、脖子、手部以及腿部的暗部颜色，再用G26号色马克笔画出皮肤的底色。

步骤五：绘制面部的妆容。先用棕色针管笔加深眼部轮廓颜色，再用G170号色马克笔画出眼部的暗面颜色，最后用G72号色马克笔画出嘴唇的固有色。

步骤六：绘制头发的颜色。先用G170号色马克笔平铺头发的底色，再用G102号色马克笔加深头发的暗部颜色，注意用笔的转折表现。

步骤七：用MG3号色马克笔平铺连衣裙的底色，注意用笔的转折变化表现。

步骤八：用MG4号色马克笔加深连衣裙的暗部颜色以及褶皱线的阴影位置。

步骤九：用NG4号色马克笔画出鞋子的固有色，再用黑色勾线笔画出连衣裙门襟位置的细节，最后用高光笔画出连衣裙和鞋子的高光表现。

无袖条纹连衣裙

这款连衣裙的造型设计比较简单，采用无袖、收腰和大裙摆的造型表现，在面料上面运用多种颜色进行搭配表现，在视觉上给人眼前一亮的效果。

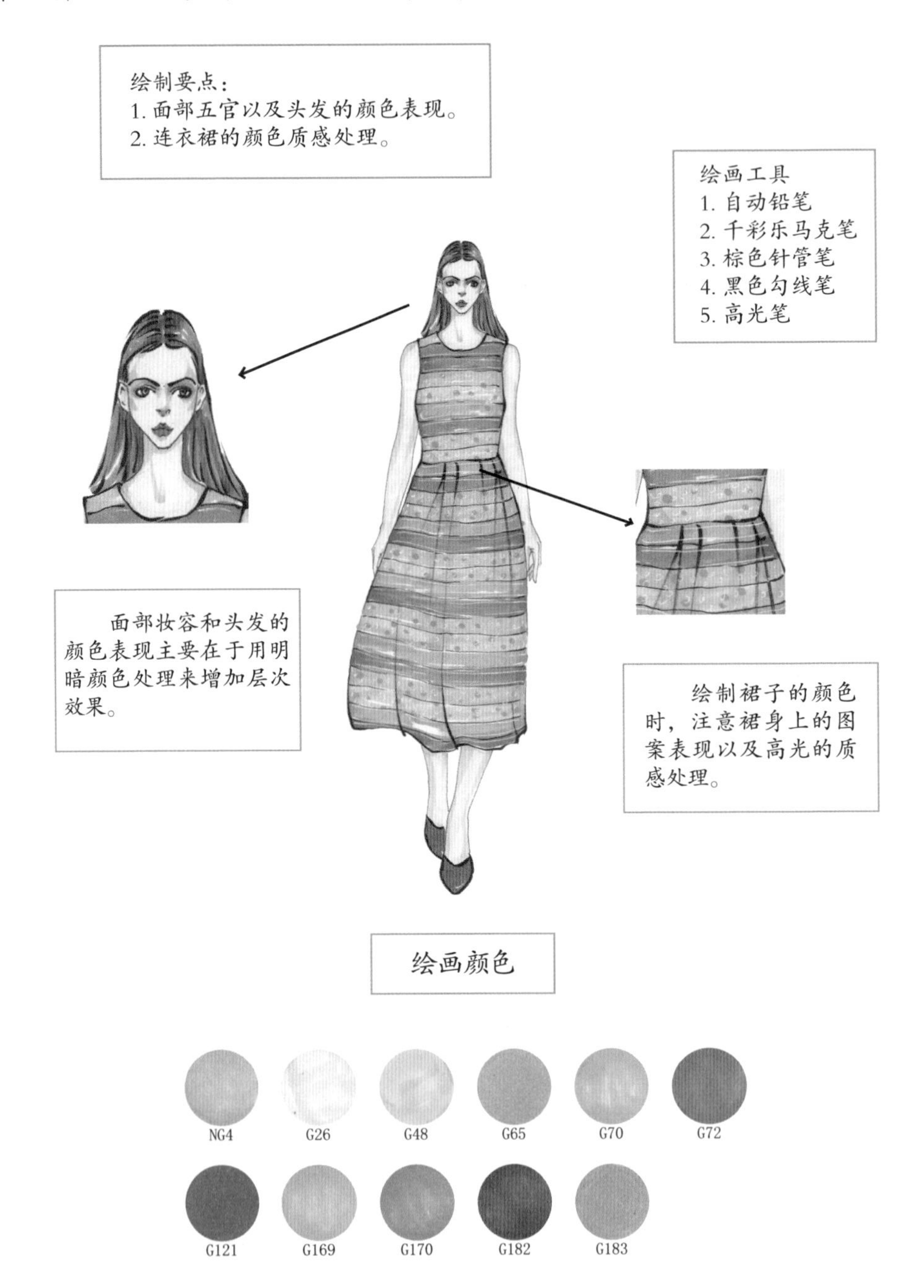

步骤一：用自动铅笔勾勒出头部的轮廓线条，再画出人体的躯干动态变化，最后画出四肢的线条表现。

步骤二：用自动铅笔细致刻画出面部五官的轮廓线条以及头发的线条表现，再画出连衣裙的轮廓线条以及鞋子的线条表现。

提示：绘制头发的线条时注意头发是覆盖在头部上面，注意表现头发的体积感。

步骤三：先用棕色针管笔画出面部五官以及人体的轮廓线条表现，再用黑色勾线笔画出头发的线条表现以及连衣裙的线条表现，最后勾勒鞋子的线条。

步骤四：用G26号色马克笔画出皮肤的底色，再用G48号色马克笔加深眼部、鼻底、脖子、手臂以及腿部的暗面颜色。

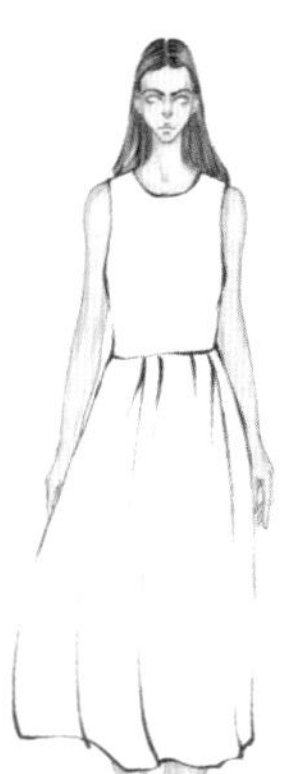

步骤五：画出头发的颜色。用G170号色马克笔平铺头发的底色，再用G182号色马克笔加深头发的暗部颜色。

步骤六：用G170号色马克笔加深眼部的暗面颜色，再用G183号色马克笔画出眼珠的颜色，最后用G72号色马克笔画出嘴唇的固有色。

步骤七：用黑色勾线笔画出连衣裙的条纹线条，再画出上半身连衣裙的固有色，用G70号色、G121号色、G169号色以及NG4号色马克笔平铺底色。

步骤八：继续用G70号色、G121号色、G169号色以及NG4号色马克笔平铺下半部裙子的固有色，再用G72号色马克笔画出裙子表现的图案颜色。

步骤九：用G72号色马克笔画出鞋子的固有色，高光位置直接留白，再用高光笔画出连衣裙的高光位置。

拼接褶皱面料连衣裙

这款拼接面料连衣裙采用两边不对称的设计，褶皱面料和图案面料搭配的造型表现，展现了女性的时尚气质。

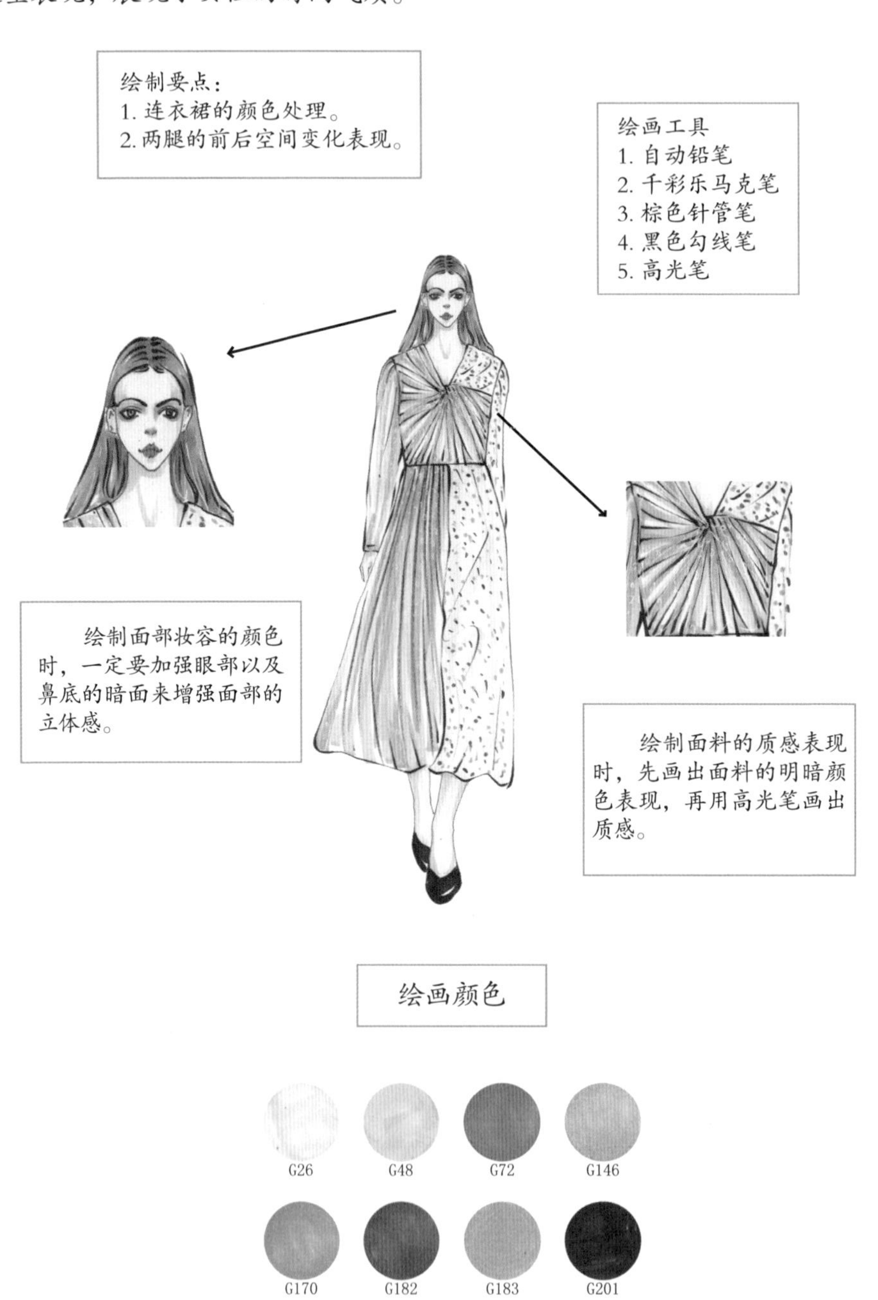

步骤一：用自动铅笔先画出头部的轮廓线条，再画出人体的动态表现，注意腿部的前后空间变化表现。

步骤二：先用自动铅笔勾勒出面部五官以及头发的轮廓线条表现，再画出连衣裙的外轮廓线条以及内部的褶皱线条处理。

提示：绘制连衣裙内部的褶皱线条时注意褶皱线的穿插处理。

步骤三：用棕色针管笔勾勒出面部五官的轮廓以及人体的外轮廓线条，再用黑色勾线笔画出头发的体积感，最后画出连衣裙的虚实变化线条以及鞋子的线条表现。

步骤四：绘制皮肤的颜色。先用G26号色马克笔平铺皮肤的底色，再用G48号色马克笔加强眼部、鼻底、脖子、手部以及腿部的暗面颜色。

步骤五：用G183号色马克笔画出眼珠的颜色，再用G170号色马克笔加深眼部的眼眸，最后用G72号色马克笔画出嘴唇的颜色。

步骤六：画出头发的明暗颜色变化。用G170号色和G182号色马克笔画出头发的明暗颜色处理，注意表现头发的体积感。

步骤七：画出褶皱面料的颜色。用G146号色马克笔平铺褶皱面料的底色，再一次用G146号色马克笔加强褶皱面料的暗面。

步骤八：画出图案面料的颜色。用G170号色、G146号色、G72号色以及G201号色马克笔画出图案面料的颜色处理。

步骤九：用G201号色马克笔画出鞋子的固有色，高光直接留白处理，再用高光笔勾勒出连衣裙的质感表现。

吊带褶皱连衣裙

这款吊带连衣裙采用收腰、大 V 领的造型表现，搭配宽松的垂褶表现，是一款非常展现女性优雅气质的时装裙。

绘制要点：
1. 头发的体积表现。
2. 裙摆与腿部的空间关系。

绘画工具
1. 自动铅笔
2. 千彩乐马克笔
3. 棕色针管笔
4. 黑色勾线笔
5. 高光笔

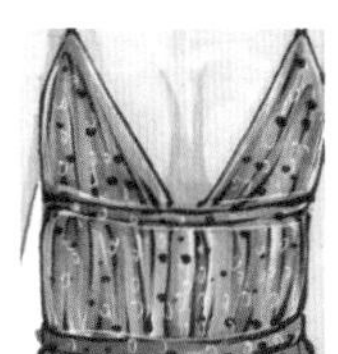

表现裙子的质感颜色：先画出裙子的明暗颜色变化，再画出裙子表现的图案以及高光的颜色处理。

绘画颜色

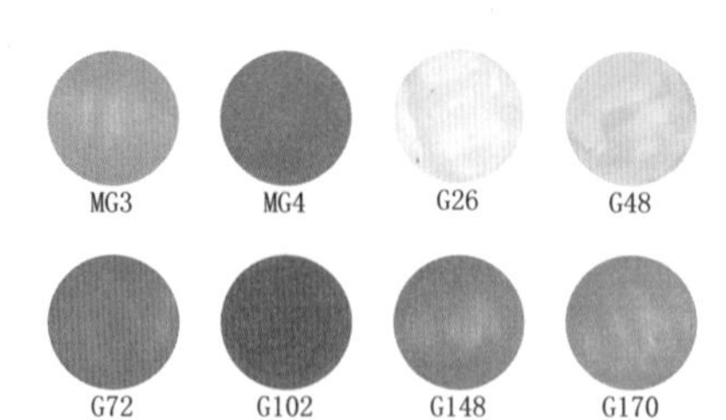

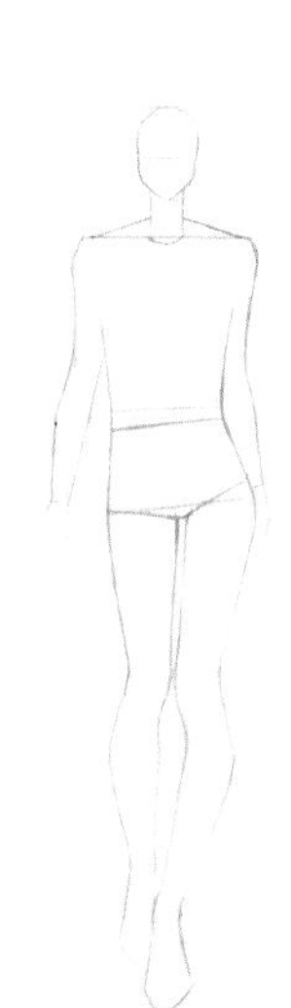

步骤一：用自动铅笔画出头部的轮廓线条，再画出人体的动态线条表现，注意腿部的前后空间变化处理。

步骤二：用自动铅笔细致刻画出面部五官的线条以及头发的线条表现，再画出连衣裙的虚实变化线条表现。

提示：绘制裙摆的线条时，注意与腿部之间的前后摆动变化关系。

步骤三：用棕色针管笔画出面部五官以及人体外轮廓线条的表现，再用黑色勾线笔勾勒出头发的线条，最后画出连衣裙的虚实变化线条以及鞋子的轮廓线。

步骤四：用G26号色马克笔平铺皮肤的底色，再用G48号色马克笔加深眼部、鼻底、脖子、手臂的暗部颜色。

步骤五：用棕色针管笔加深眼部轮廓线条，再用G170号色马克笔画出眼影的颜色，最后用MG4号色和G72号色马克笔画出眼珠和嘴唇的颜色。

步骤六：画出头发的颜色表现。先用G170号色马克笔平铺头发的底色，再用G102号色马克笔加深头发的暗面颜色。

步骤七：用MG3号色马克笔平铺连衣裙的底色。这款裙子的褶皱线较多，用笔时要注意转折变化处理。

步骤八：用MG4号色马克笔加深连衣裙的暗面颜色，再一次用MG4号色马克笔加深连衣裙的暗部，丰富裙子的层次感。

步骤九：先用G148号色马克笔画出鞋子的固有色，再用黑色勾线笔点缀裙子的图案，最后用高光笔画出裙子的高光以及鞋子的高光颜色。

落肩袖开叉收腰连衣裙

这款连衣裙采用落肩短袖、收腰的造型设计，搭配图案的面料质感表现，在整体的视觉上增加了女性的大气优雅的气质。

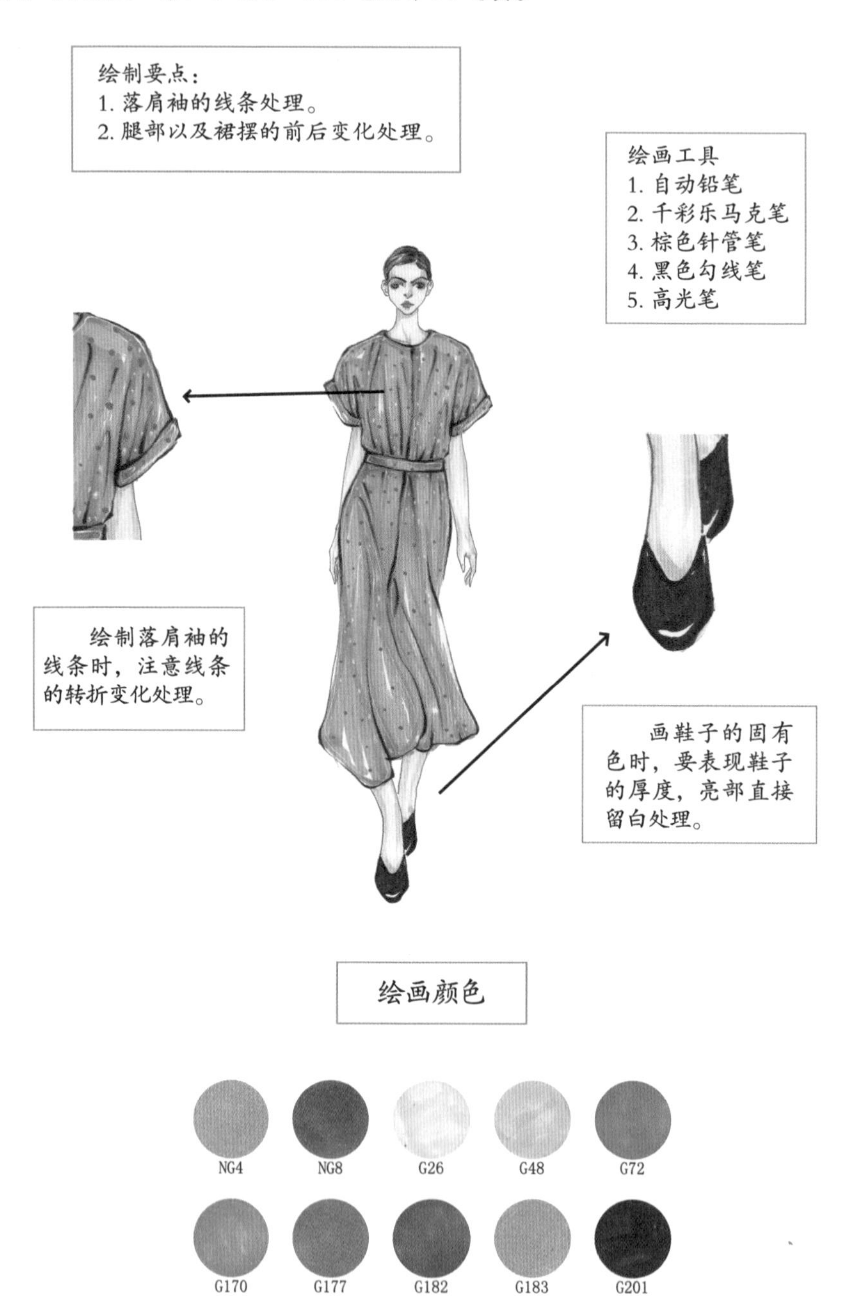

步骤一：用自动铅笔画出头部的轮廓线条，再画出人体的躯干动态变化以及四肢的线条。

步骤二：用自动铅笔勾勒出面部五官以及头发的轮廓线条，再画出连衣裙的整体轮廓线条表现。

提示：绘制裙摆的线条时，要注意表现裙摆的飘逸处理。

步骤三：先用棕色针管笔勾勒出面部五官以及人体的轮廓线条，再用黑色勾线笔画出连衣裙的虚实变化线条以及鞋子的线条处理。

步骤四：先用G26号色马克笔画出皮肤的底色，再用G48号色马克笔加深眼部、鼻底、脖子、手臂以及腿部的暗部颜色。

步骤五：画出头发的颜色表现。先用NG4号色马克笔平铺头发的底色，再用NG8号色马克笔加深头发的暗部。

步骤六：画出面部的妆容表现。用G170号色马克笔加深眼部的暗面，再用G183号色马克笔画出眼珠的颜色，最后用G72号色马克笔画出嘴唇的固有色。

步骤七：用G170号色马克笔平铺整件连衣裙的底色，用笔的转折变化根据裙摆的线条走向进行绘制。

步骤八：先用G177号色马克笔加深连衣裙的暗部颜色，再用G182号色马克笔点缀出裙子的图案表现。

步骤九：先用G201号色马克笔画出鞋子的固有色，亮部直接留白处理，再用高光笔画出连衣裙的高光位置。

翻领褶皱收腰连衣裙

这款连衣裙采用翻领、泡泡短袖以及腰部抽褶的设计，搭配亮片腰带的装饰，既能展现服装的俏皮感，也能展现女性的时尚气质。

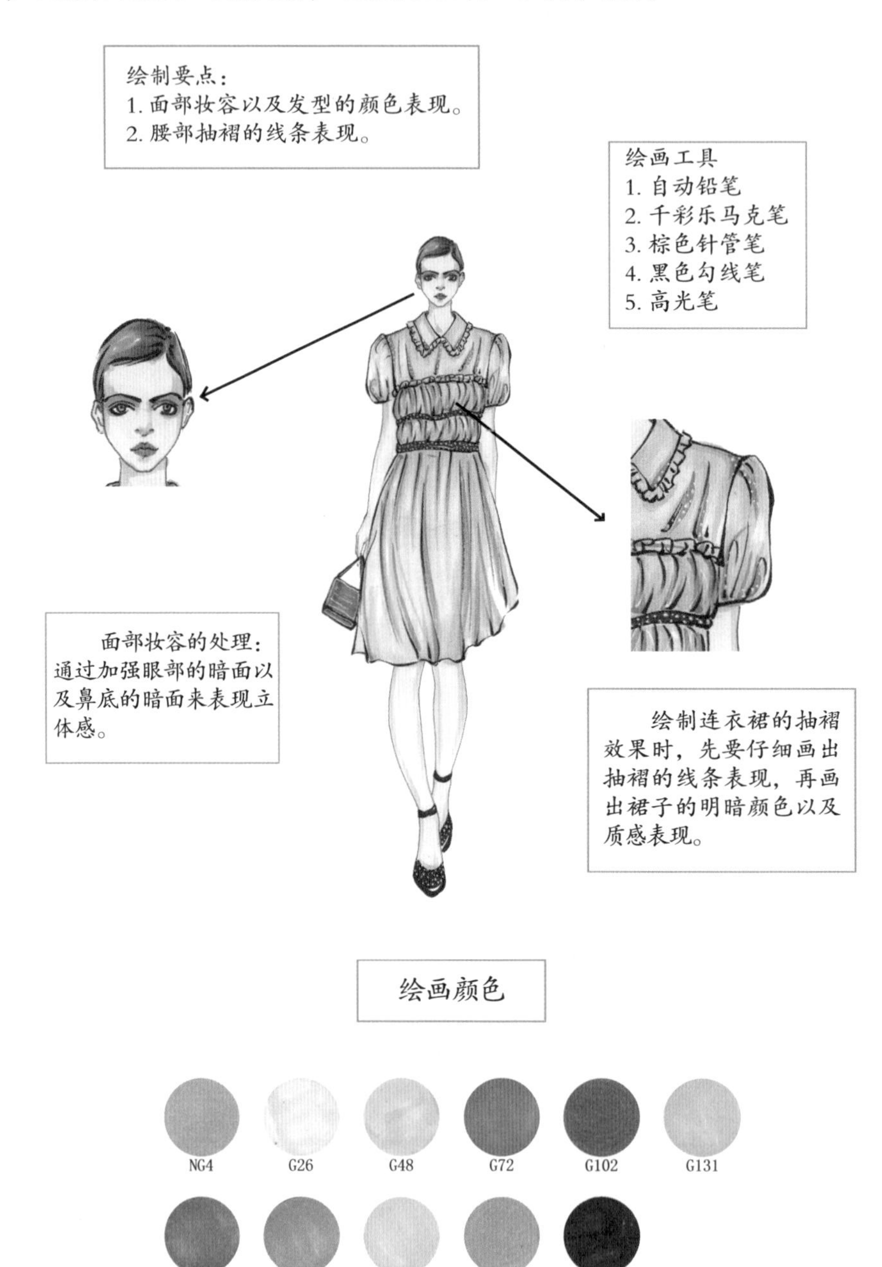

步骤一：用自动铅笔画出头部的外轮廓线条，再画出人体的动态表现以及四肢的线条处理。

步骤二：用自动铅笔勾勒出面部五官以及头发的线条表现，再画出连衣裙的外轮廓线条以及内部的细节，最后画出包与鞋子的线条表现。

提示：绘制连衣裙的内部褶皱线条时，要注意线条的虚实变化处理。

步骤三：用棕色针管笔勾勒出五官的轮廓线条以及人体的外轮廓线条，再用黑色勾线笔画出连衣裙的虚实变化线条以及头发、包和鞋子的轮廓线。

步骤四：画出皮肤的颜色。用G26号色马克笔平铺皮肤的底色，再用G48号色马克笔加深眼部、鼻底、脖子、手臂以及腿部的暗部颜色。

步骤五：画出头发的颜色表现。用G170号色马克笔平铺头发的底色，再用G102号色马克笔加深头发的暗部。

步骤六：绘制面部妆容。用G170号色马克笔加深眼部的暗面颜色，再用G183号色马克笔画出眼珠的颜色，最后用G72号色马克笔画出嘴唇的固有色。

步骤七：用G175号色平铺连衣裙的底色，用笔注意裙子的转折变化关系。

步骤八：用G131号色马克笔加深裙子的暗部颜色，再一次用G153号色马克笔加深裙子的暗部，最后用G201号色马克笔画出腰带的颜色。

步骤九：先用NG4号色马克笔画出包的颜色，再用NG8号色马克笔画出鞋子的固有色，最后用高光笔画出连衣裙的高光表现。

斜肩绑带连衣裙

这款连衣裙采用斜肩、腰部绑带的造型设计，既能展现服装的简洁感，也能表现女性的优雅气质。

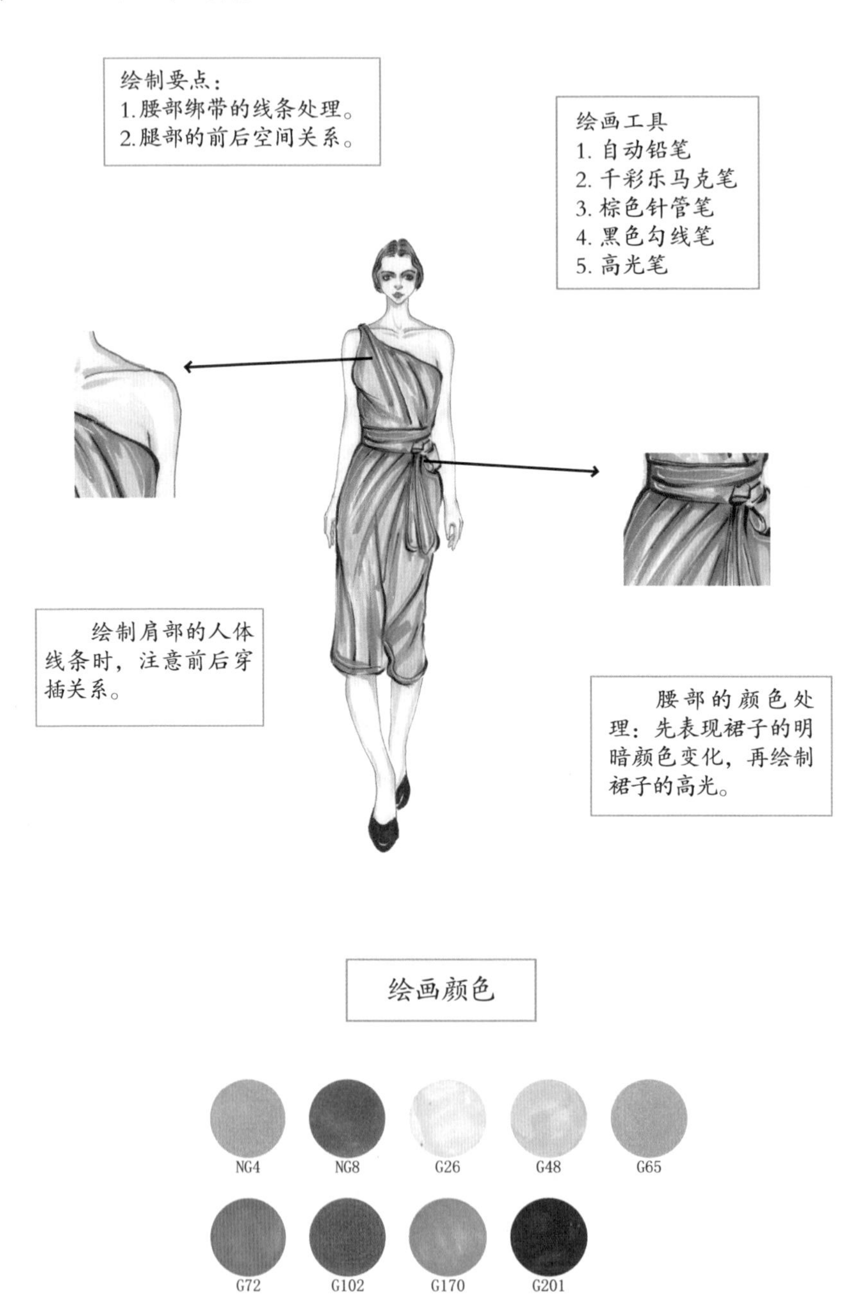

步骤一：用自动铅笔勾勒出头部的轮廓线条，再画出人体的动态表现以及四肢的线条处理。

步骤二：用自动铅笔细致刻画面部五官以及头发的轮廓线条，再画出连衣裙的轮廓线条表现以及鞋子的轮廓线条。

提示：绘制斜肩连衣裙是，注意裙子的褶皱线条的变化表现。

步骤三：用棕色针管笔勾勒出面部五官以及人体的轮廓线条，再用黑色勾线笔画出头发的轮廓线条以及连衣裙的轮廓线条表现。

步骤四：用G48号色马克笔加深眼部、鼻底、手臂和腿部的暗部颜色，再用G26号色马克笔平铺皮肤的底色。

步骤五：先用G170号色马克笔画出眼影的颜色，再用NG4号色马克笔画出眼珠的颜色，最后用G72号色马克笔画出嘴唇的固有色。

步骤六：画出头发的颜色。用G170号色马克笔平铺头发的底色，再用G102号色马克笔加深头发的暗面。

步骤七：用NG4号色马克笔平铺连衣裙的底色，注意用笔的转折处理。

步骤八：用NG8号色马克笔加深连衣裙的暗部颜色，再一次用NG8号色马克笔加深裙子的暗面。

步骤九：用G201号色马克笔画出鞋子的固有色，再用高光笔画出连衣裙的高光位置。

方领褶皱收腰连衣裙

这款连衣裙采用方领、长袖、包臀的造型设计，再运用整体抽褶的细节处理，展现了女性的优雅魅力。

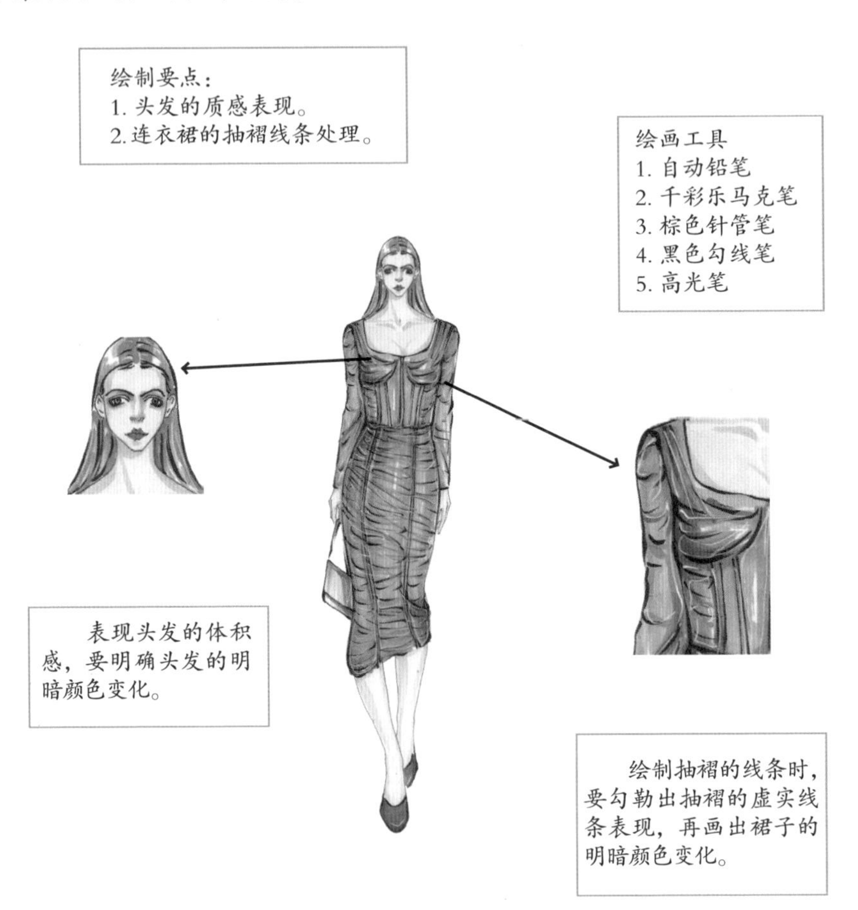

绘画颜色

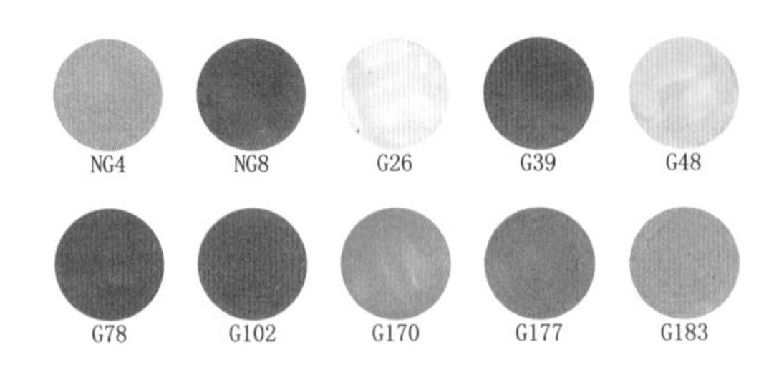

步骤一：用自动铅笔画出头部的轮廓，再根据人体的动态变化表现画出躯干的线条以及四肢的线条表现。

步骤二：用自动铅笔画出面部五官以及头发的轮廓线条，再画出连衣裙的外轮廓线条以及内部的褶皱线，最后画出包和鞋子的线条。

提示：绘制裙子内部的褶皱线条时，注意线条的虚实变化处理。

步骤三：用棕色针管笔画出面部五官以及人体的轮廓线条表现，再用黑色勾线笔画出头发、连衣裙、包和鞋子的轮廓线条表现。

步骤四：画出皮肤的颜色。用G48号色马克笔画出眼部、鼻底、脖子、手部和腿部的暗面颜色，再用G26号色马克笔平铺皮肤的底色。

步骤五：绘制面部妆容。用G170号色马克笔加深眼部的暗面颜色，再用G183号色马克笔画出眼珠的颜色，最后用G78号色马克笔画出嘴唇的固有色。

步骤六：画出头发的颜色。用NG4号色马克笔平铺头发的底色，再用NG8号色马克笔加深头发的暗面颜色。

步骤七：用G170号色马克笔平铺连衣裙的底色，亮部直接留白处理。

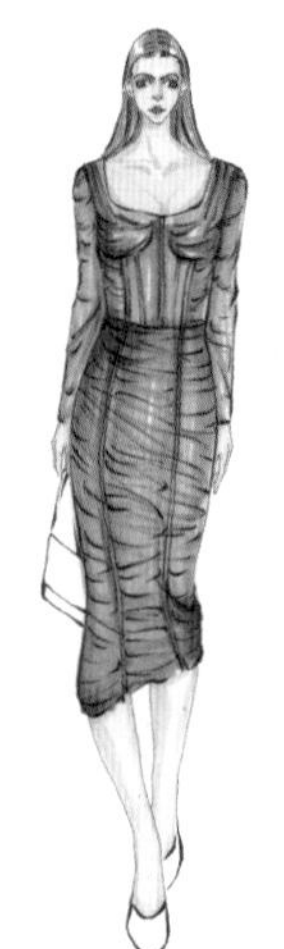

步骤八：用G177号色马克笔加深连衣裙的暗面，再一次用G102号色马克笔加深连衣裙的暗部，丰富连衣裙的层次感。

步骤九：用G39号色马克笔画出鞋子的固有色，再用NG4号色马克笔画出包的颜色，最后用高光笔画出连衣裙和鞋子的高光表现。

一字领垂褶连衣裙

这款连衣裙运用一字领、拼接面料、垂褶的造型设计、搭配两种颜色的设计，展现了女性的优雅端庄的气质。

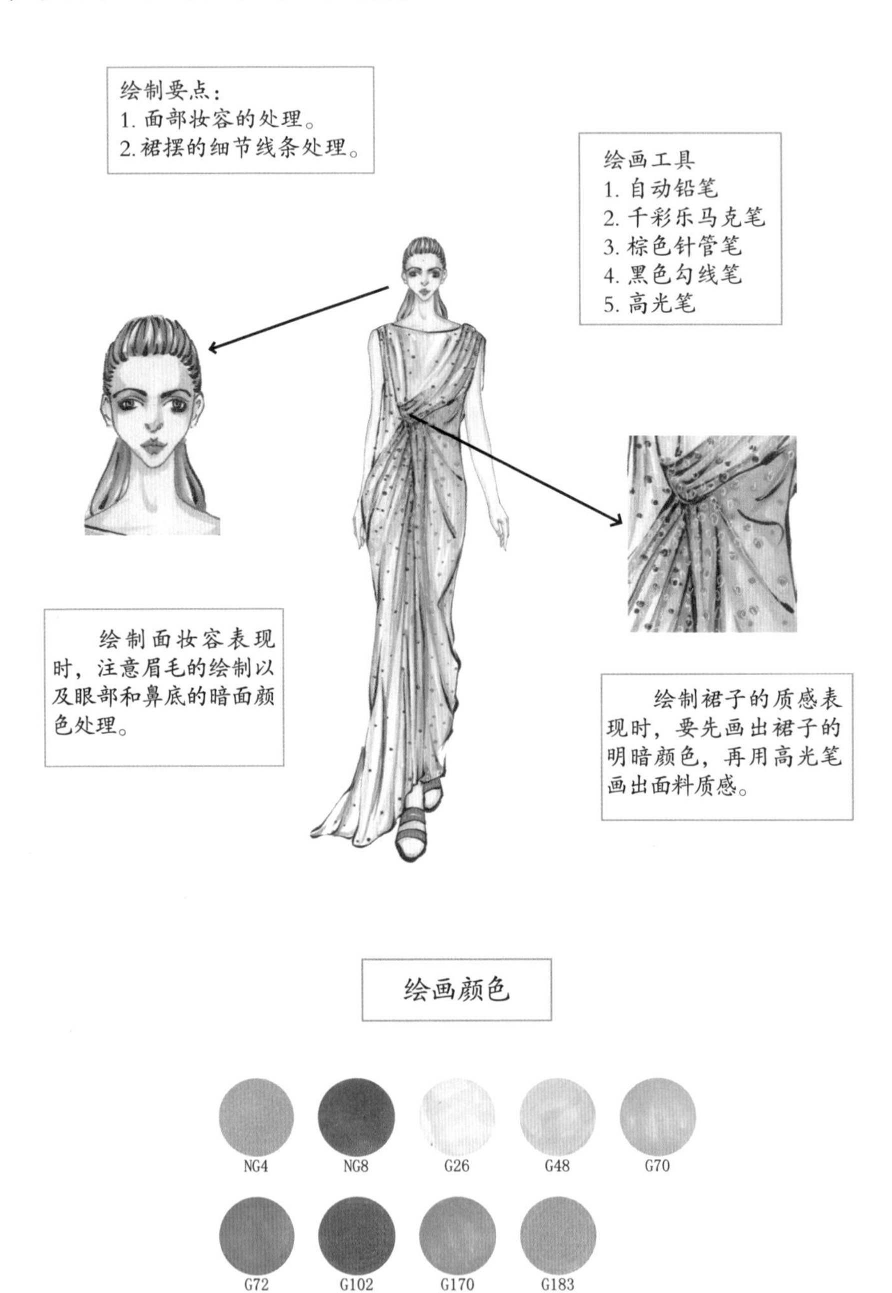

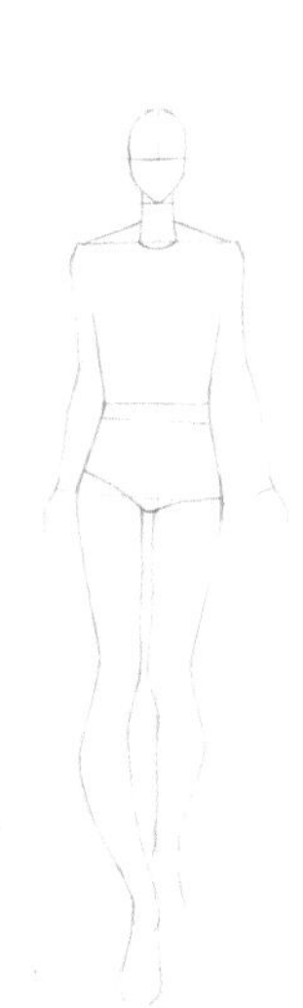

步骤一：用自动铅笔勾勒出头部的轮廓线条，再画出人体的动态表现以及四肢的线条处理。

步骤二：用自动铅笔勾勒出面部五官的轮廓线条以及头发的线条表现，再画出连衣裙的线条表现。

提示：注意腰部位置的褶皱线条的穿插表现。

步骤三：先用棕色针管笔画出面部五官以及人体的轮廓线条表现，再用黑色勾线笔画出头发的线条表现以及连衣裙的线条表现，最后勾勒出鞋子的线条。

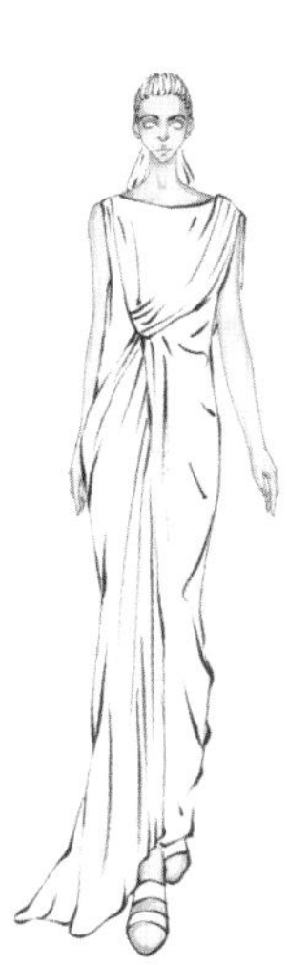

步骤四：先用G26号色马克笔画出皮肤的底色，再用G48号色马克笔加深眼部、鼻底、脖子、手臂以及腿部的暗面颜色。

步骤五：画出头发的明暗颜色变化。用G170号色和G102号色马克笔画出头发的明暗颜色处理，注意表现头发的体积感。

步骤六：先用G170号色马克笔画出眼部的暗面颜色，再用G183号色马克笔画出眼珠的颜色，最后用G72号色马克笔画出嘴唇的固有色。

步骤七：先用NG4号色马克笔平铺褶皱面料的底色，再用NG8号色马克笔加深褶皱的暗部颜色。

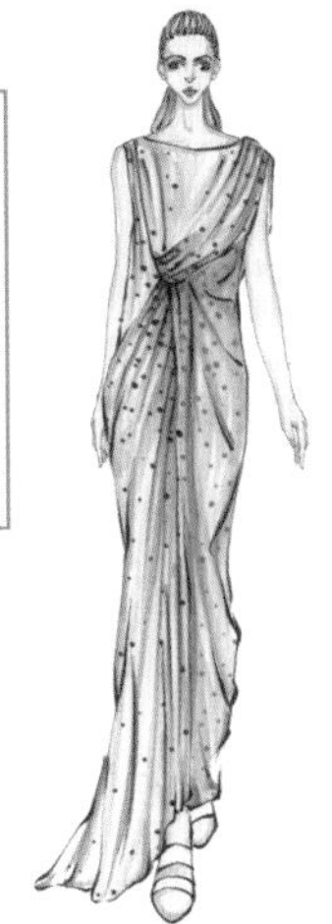

步骤八：先用G70号色和G72号色马克笔画出面料的明暗颜色变化，再用G72号色马克笔点缀面料的图案，最后再用黑色勾线笔点缀图案。

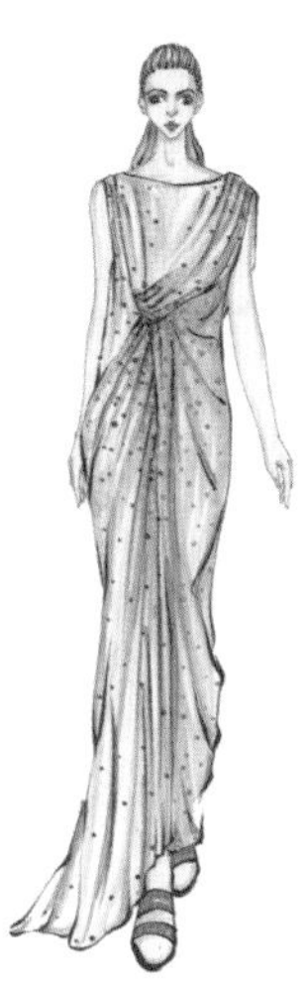

步骤九：用G72号色马克笔画出鞋子的固有色，再用高光笔勾勒出连衣裙腰部的质感表现以及鞋子的高光。

圆领亮片无袖连衣裙

这款连衣裙采用圆领无袖、收腰的造型设计，搭配亮面材质的面料设计，既能展现服装奢华质感，也能体现女性的优雅气质。

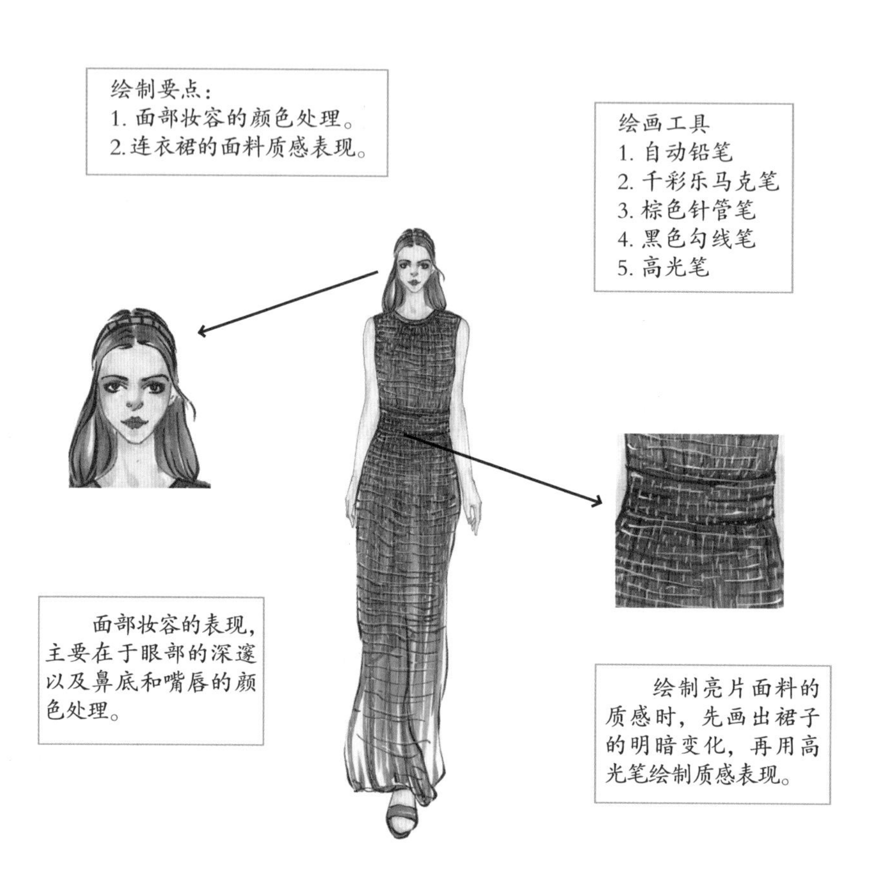

绘画颜色

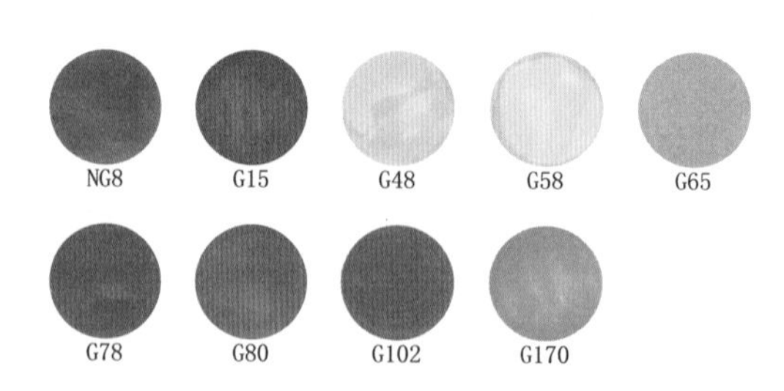

步骤一：用自动铅笔画出头部的外轮廓线条，再画出人体的动态表现以及四肢的线条，注意两腿的空间变化关系。

步骤二：用自动铅笔画出面部五官以及头发的轮廓线条，再画出连衣裙的外轮廓线条以及内部的褶皱线，最后画出鞋子的线条。

提示：绘制头箍的线条时注意与头发的空间变化关系。

步骤三：用棕色针管笔画出面部五官以及人体的轮廓线条表现，再用黑色勾线笔画出头发、连衣裙和鞋子的轮廓线条表现。

步骤四：画出皮肤的颜色。用G58号色马克笔画出眼部、鼻底、脖子、手部和腿部的暗面颜色，再用G48号色马克笔平铺皮肤的底色。

步骤五：绘制面部妆容。用G170号色马克笔加深眼部的暗面颜色，用NG8号色马克笔画出眼珠的颜色，再用G78号色马克笔画出嘴唇的固有色，最后用G170号色马克笔画出头箍的颜色。

步骤六：画出头发的颜色。用G170号色马克笔平铺头发的底色，再用G102号色马克笔加深头发的暗面颜色。

步骤七：用G80号色马克笔平铺连衣裙的底色、裙摆的颜色绘制，亮部直接留白处理。

步骤八：用G15号色马克笔加深连衣裙的暗部颜色，再用黑色勾线笔刻画连衣裙内部的线条表现。

步骤九：用NG8号色马克笔画出鞋子的固有色，再用高光笔画出亮片连衣裙的质感表现。

5.2 | 秋冬服装款式表现

女装秋冬季节的服装面料更加舒适、柔和，在颜色上的搭配比较简单，服装的款式多为大衣、外套、礼服裙等，适合多种场合的着装样式。

海军领长袖衬衫

这款衬衫采用海军领、长袖的造型设计，在面料上运用拼接的设计，搭配同色系的长裤，展现了整体服装的清爽舒适感。

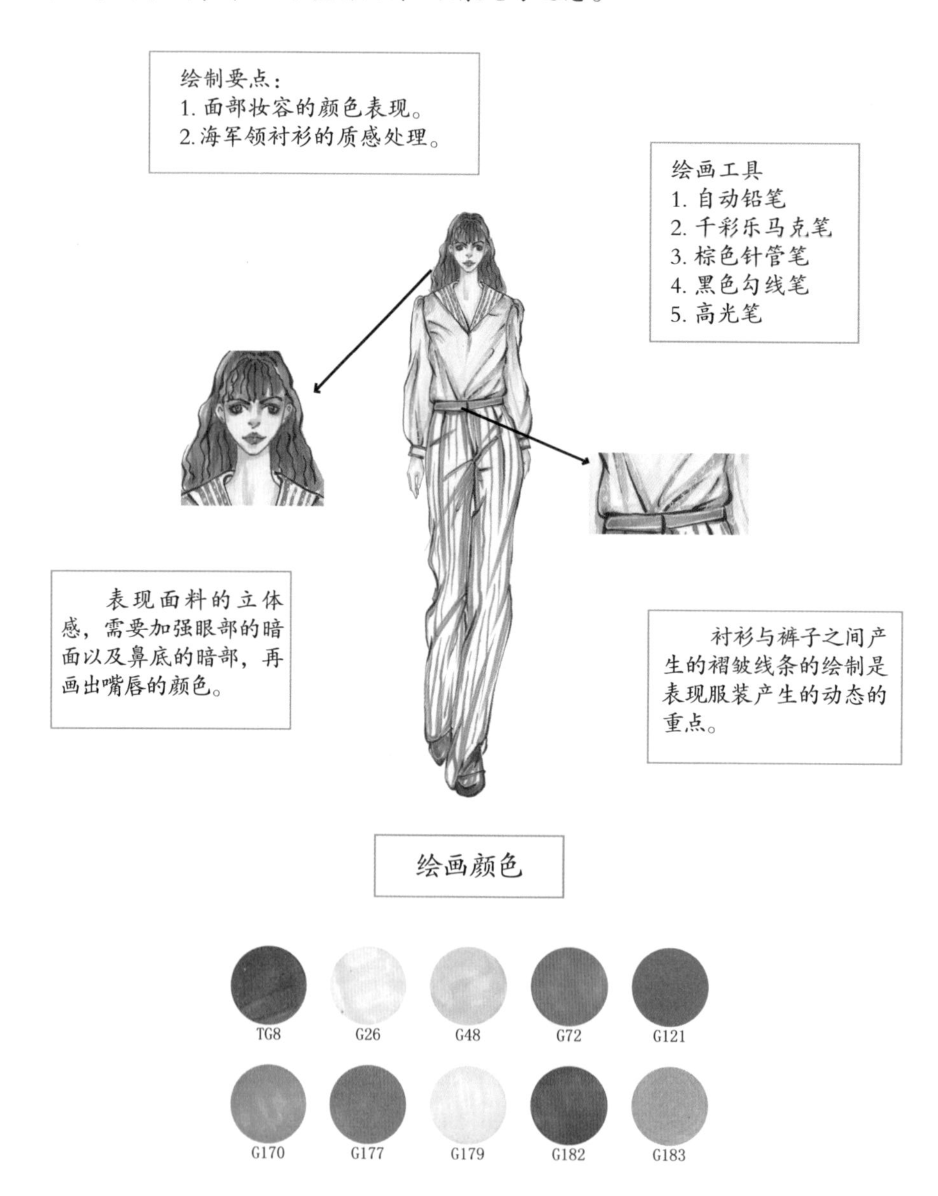

步骤一：用自动铅笔先勾勒出头部的轮廓线条，再根据人体的动态表现画出躯干的线条和四肢的线条表现。

步骤二：用自动铅笔勾勒出面部五官的细节轮廓，再画出头发的线条，然后根据人体动态的表现，画出整体服装以及鞋子的线条表现。

提示：绘制衣领时，注意与脖子之间的穿插关系。

步骤三：先用棕色针管笔画出人体的轮廓线条以及五官的线条表现，再用黑色勾线笔画出整体服装的线条变化，以及内部褶皱线的虚实变化，最后画鞋子的轮廓线条。

步骤四：先用G26号色马克笔平铺皮肤的底色，再用G48号色马克笔画出皮肤的暗部颜色，暗部颜色的绘制根据光源的变化处理。

步骤五：绘制面部的妆容。先用G170号色马克笔加深眼部的暗面，再用G183号色和G72号色马克笔画出眼珠和嘴唇的颜色。

步骤六：绘制头发的颜色。先用G182号色马克笔加深头发的暗面，注意用笔的转折变化，再用G177号色马克笔画出头发的固有色。

步骤七：先用G179号色马克笔平铺衬衫的底色，再用G183号色马克笔画出海军领的颜色，并且勾勒衬衫的暗面。

步骤八：用G121号色马克笔画出条纹裤子的形状，再用G183号色马克笔加深裤子的暗部颜色。

步骤九：用TG8号色马克笔画出鞋子的固有色，亮面直接留白，再用高光笔点缀出衬衫的质感表现。

高领无袖毛衣

这款毛衣采用高领、无袖的造型设计，在面料材质上面运用螺旋编织的质感表现，搭配同色系的半裙，展现了女性的时尚气质。

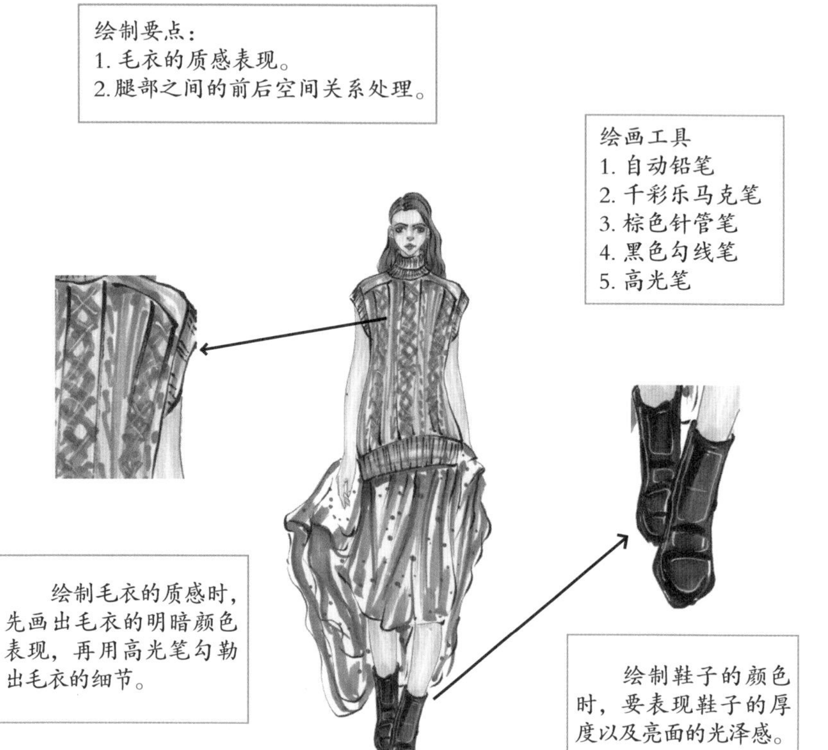

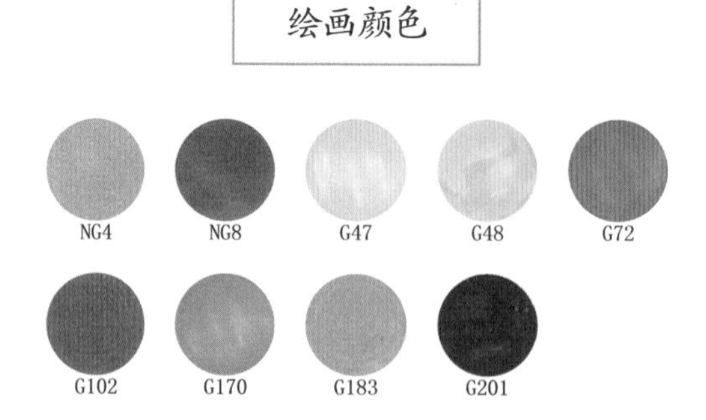

步骤一：先用自动铅笔勾勒出头部的外轮廓形状，再画出躯干的动态变化线条以及四肢的线条表现。

步骤二：用自动铅笔先刻画出面部五官以及头发的线条表现，再根据人体的动态表现，画出整体服装和鞋子的线条。

提示：绘制裙摆的线条时，要注意表现裙摆的飘逸感。

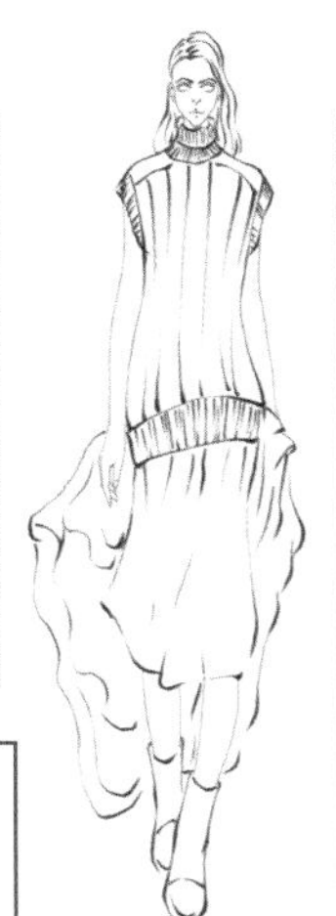

步骤三：先用棕色针管笔画出人体的轮廓线条以及五官的线条表现，再用黑色勾线笔画出头发的线条、整体服装的线条变化以及裤子内部褶皱线的虚实变化，最后画出鞋子的线条。

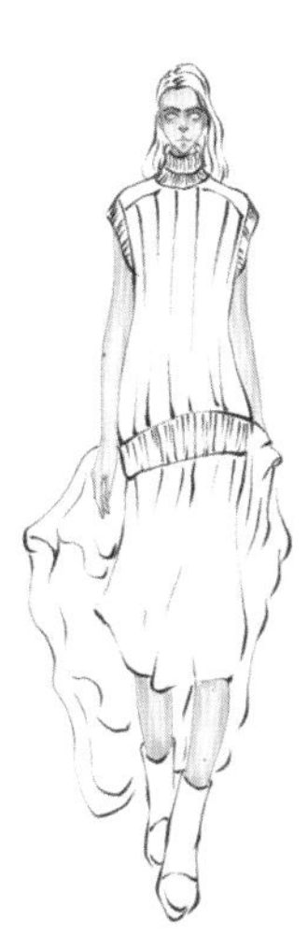

步骤四：绘制皮肤的颜色。用G48号色马克笔加深面部五官暗面以及脖子、手部和腿部的暗面颜色，再用G47号色马克笔平铺皮肤的底色。

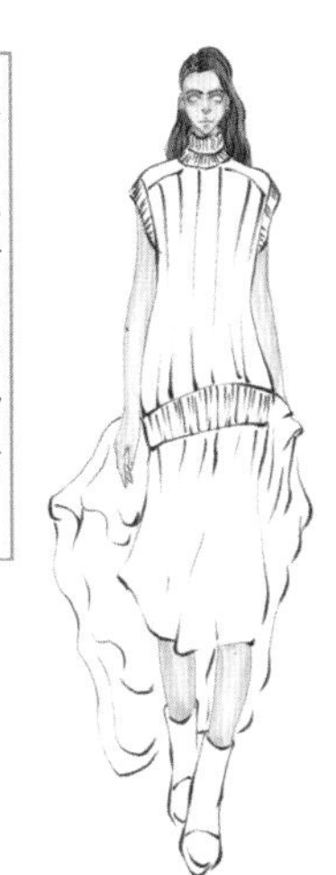

步骤五：绘制头发的颜色。先用G102号色马克笔加深头发的暗面，注意用笔的转折变化，再用G177号色马克笔画出头发的固有色。

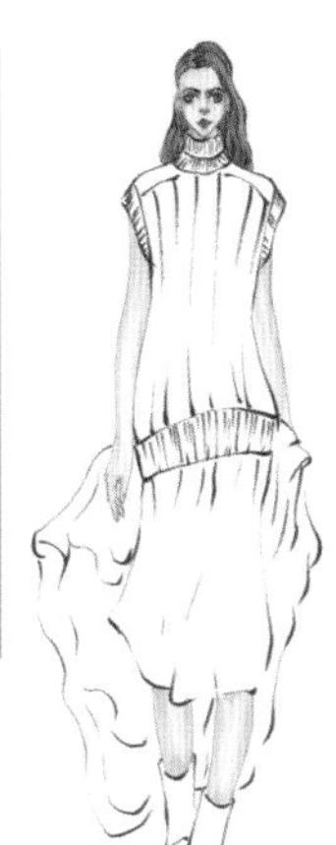

步骤六：先用G170号色马克笔加深眼影的颜色，再用G183号色马克笔画出眼珠的颜色，最后用G72号色马克笔画出嘴唇的颜色。

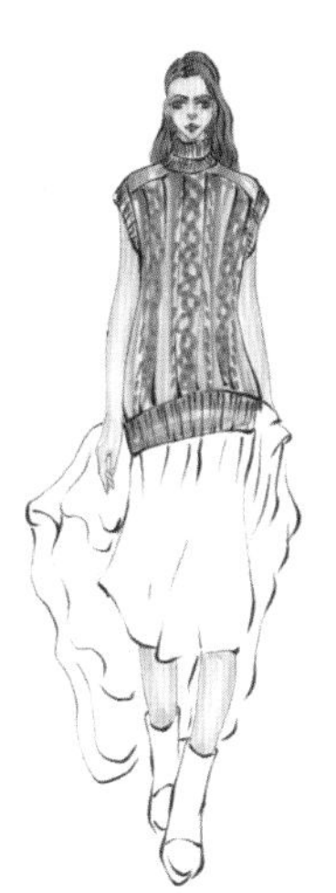

步骤七：先用NG4号色马克笔平铺毛衣的底色，再用NG8号色马克笔勾勒出毛衣的内部细节线条。

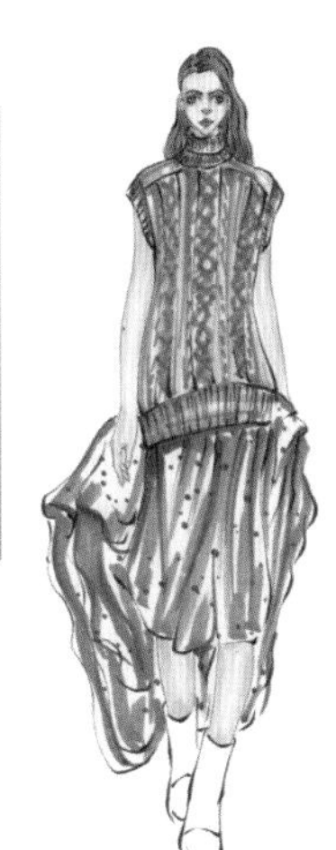

步骤八：先用NG8号色马克笔画出半裙的暗部颜色，再用G72号色马克笔点缀半裙的图案表现。

步骤九：先用NG8号色和G201号色马克笔画出鞋子的明暗颜色表现，再用高光笔勾勒出毛衣的质感表现，最后画出鞋子的高光。

落肩袖连帽牛仔外套

这款牛仔外套采用连帽、落肩的造型设计，搭配贴袋的内部设计，展现了服装的休闲趣味以及时尚感。

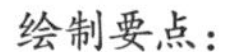

绘画颜色

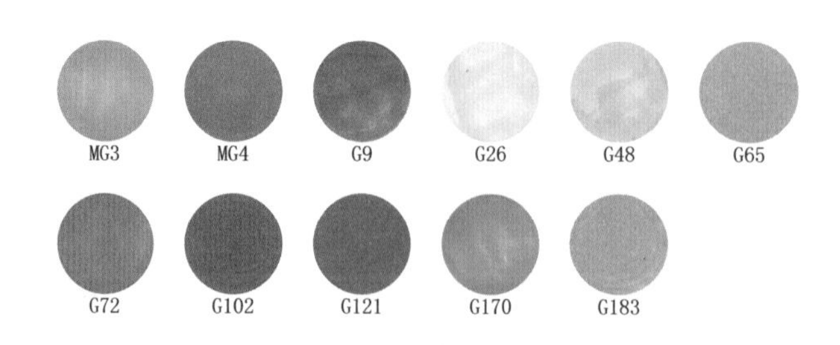

步骤一：用自动铅笔勾勒出头部的外轮廓线条，再画出躯干的动态变化以及四肢的线条表现。

步骤二：用自动铅笔勾勒出五官的轮廓线条变化以及头发的轮廓线条，再画出内搭连体裤和牛仔外套的轮廓线条以及鞋子的线条表现。

提示：绘制牛仔外套的内部线条表现时，注意线条的虚实变化处理。

步骤三：用棕色针管笔勾勒出面部五官以及人体的轮廓线条，再用黑色勾线笔画出整体服装的轮廓线条变化以及鞋子的线条表现。

步骤四：绘制出皮肤的颜色。用G48号色马克笔和G26号色马克笔画出皮肤的明暗颜色变化，注意暗面的颜色根据光源的变化进行上色。

步骤五：绘制面部的妆容颜色。用G170号色马克笔画出眼影的暗面，再用G183号色和G72号色马克笔画出眼珠和嘴唇的颜色。

步骤六：画出头发的颜色。先用G170号色马克笔平铺头发的底色，再用G102号色马克笔画出头发的暗部颜色，头发的高光位置运用留白的方式处理。

步骤七：先用G183号色马克笔平铺外套的底色，亮面直接留白，再用G9号色马克笔画出外套的暗面颜色，最后用黑色勾线笔画出外套内部的线迹。

步骤八：用MG3号色马克笔平铺连体裤的底色，注意用笔的转折变化，再用MG4号色马克笔加深连体裤的暗面颜色。

步骤九：用G121号色马克笔画出鞋子的固有色，再用高光笔画出牛仔外套的高光以及鞋子的高光表现。

蝴蝶结领双层百褶连衣裙

这款连衣裙运用蝴蝶结领、双层百褶的造型设计，在面料上选用质感光滑的材质搭配，非常展现女性的优雅魅力。

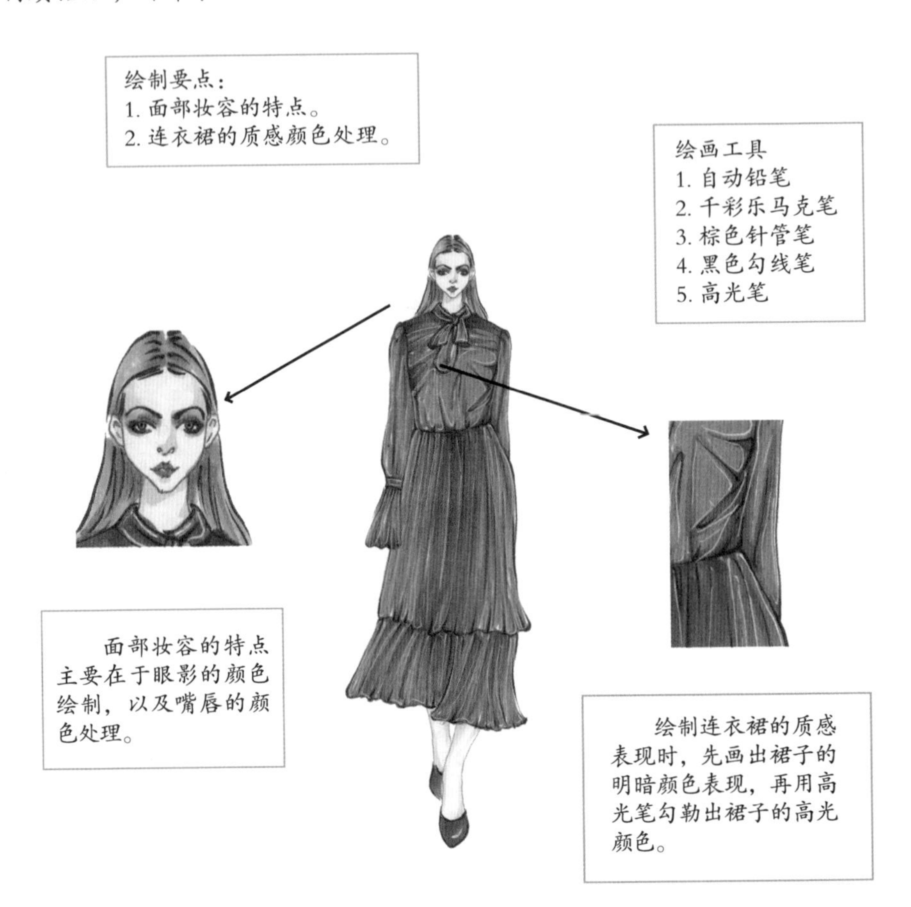

绘画颜色

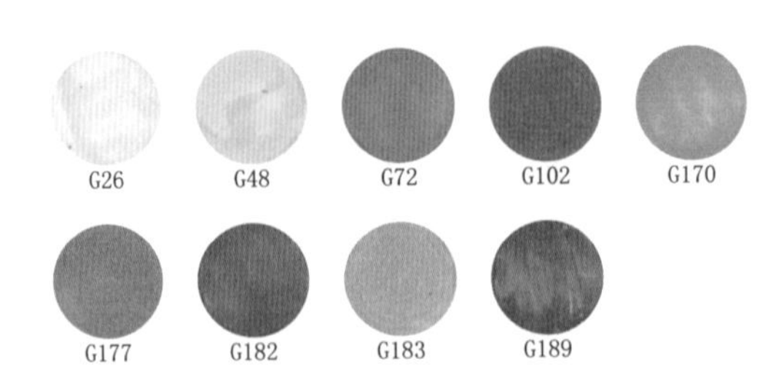

步骤一：用自动铅笔画出头部的轮廓，再画出人体的动态变化表现，注意腿部的前后关系。

步骤二：用自动铅笔画出面部五官以及头发的轮廓线条，再勾勒出连衣裙和鞋子的轮廓线条变化。

提示：绘制头发的线稿时，注意头发蓬松感的体现。

步骤三：先用棕色针管笔勾勒出面部五官以及人体的轮廓线条，再用黑色勾线笔画出头发的线条，最后画出连衣裙以及鞋子的轮廓线条表现。

步骤四：画出皮肤的颜色。用G26号色马克笔平铺皮肤的底色，再用G65号色马克笔画出皮肤的暗部。

步骤五：绘制面部妆容的颜色。用G170号色和G183号色马克笔画出眼影和眼珠的颜色，再用G72号色马克笔画出嘴唇的颜色表现。

步骤六：绘制头发的颜色。用G177号色马克笔勾勒出头发的暗面，再用G170号色马克笔画出头发的底色，高光位置留白处理。

步骤七：用G182号色马克笔平铺连衣裙的底色，注意用笔的转折变化表现。

步骤八：用G102号色马克笔画出连衣裙的暗部颜色，再一次用G189号色马克笔加深褶皱线的阴影。

步骤九：用G102号色马克笔画出鞋子的固有色，亮面直接留白，再用高光笔勾勒出连衣裙的高光位置。

高腰系带休闲裤

这款休闲裤的设计比较简单，运用高腰绑带、细裤腿的造型设计，搭配浅色的上衣，整体的服装非常展现女性的知性美感。

绘画颜色

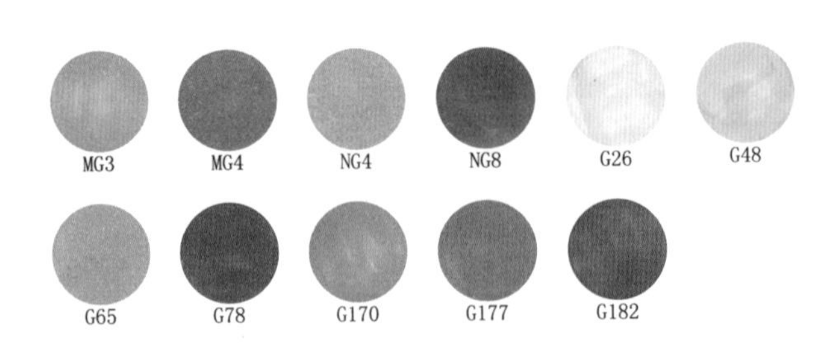

步骤一：用自动铅笔勾勒出头部的轮廓线条，再画出人体的动态表现，注意腿部的前后空间变化关系。

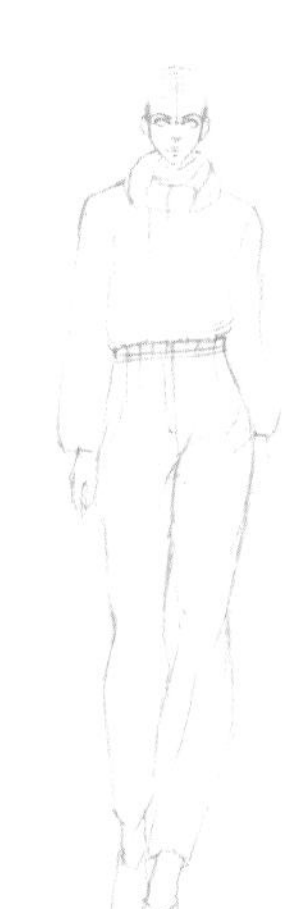

步骤二：用自动铅笔勾勒出面部五官以及头发的线条变化表现，再画出上衣和围巾的轮廓线条以及内部细节，最后画出裤子和鞋子的轮廓线条表现。

提示：注意表现围巾的交叉面的体现。

步骤三：先用棕色针管笔画出面部五官以及人体的轮廓线条，再用黑色勾线笔勾勒出围巾、上衣、裤子以及鞋子的轮廓线条，注意用笔的虚实变化。

步骤四：绘制皮肤的颜色。先用G48号色马克笔加深皮肤的暗面颜色，再用G26号色马克笔平铺皮肤的底色。

步骤五：画出头发的颜色。先用MG3号色马克笔画出头发的底色，再用MG4号色马克笔勾勒出头发的暗面颜色，注意用笔的转折变化。

步骤六：先用G170号色马克笔画出眼部的暗面颜色，再用NG8号色和G78号色马克笔画出眼珠和嘴唇的固有色。

步骤七：先用NG4号色马克笔画出上衣的暗面，再画出围巾的底色，最后用NG8号色马克笔画出围巾的暗部颜色。

步骤八：用G177号色马克笔平铺裤子的底色，再用G182号色马克笔加深裤子的暗面颜色，最后用NG8号色马克笔画出腰带的固有色。

步骤九：用NG8号色马克笔画出鞋子的固有色，再用高光笔勾勒出围巾的高光颜色以及鞋子的高光。

翻领中长款卫衣

这款卫衣采用高束领、插袋的造型设计，搭配亮丽颜色的外套，整体服装非常有时尚气息。

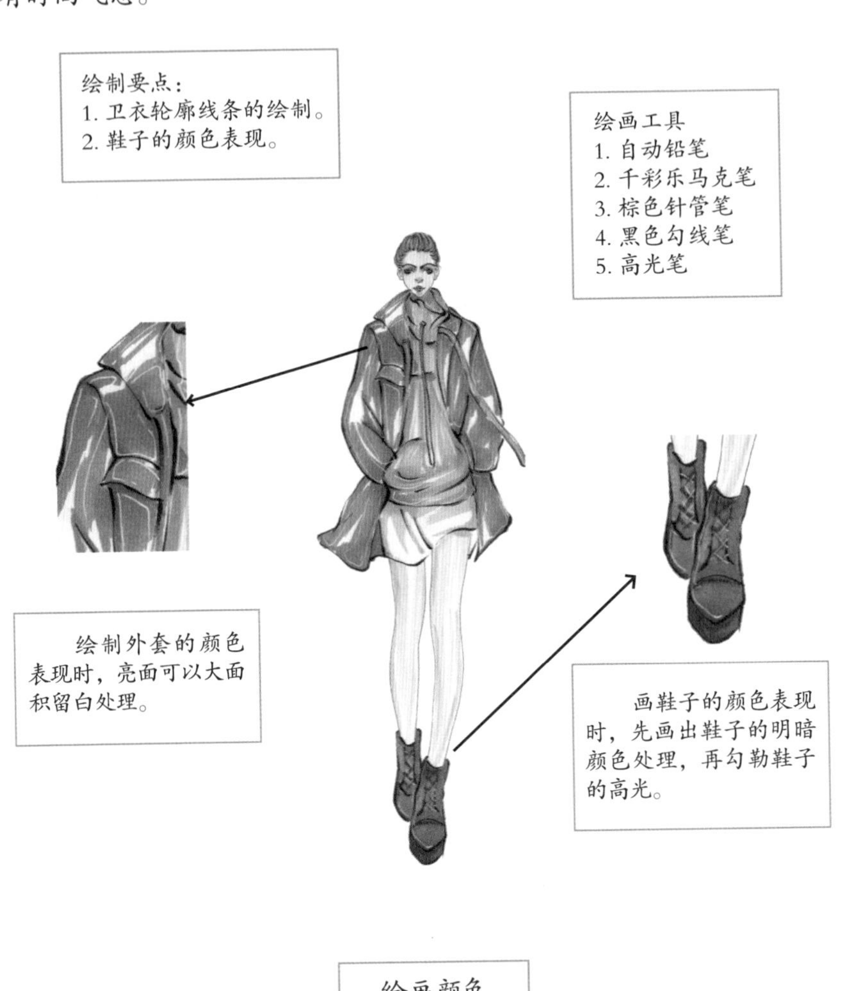

绘画颜色

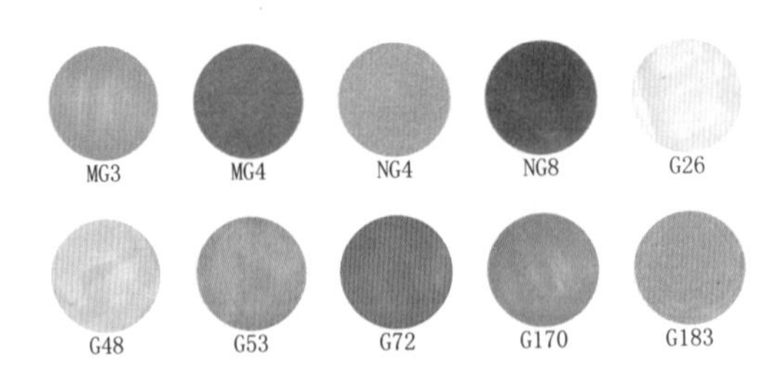

步骤一：用自动铅笔先绘制出头部的轮廓线条，再画出躯干的动态以及四肢的线条表现。

步骤二：用自动铅笔先勾勒出面部五官的轮廓线条以及头发的线条表现，再根据人体动态的变化，画出整体服装的轮廓线条以及内部的细节线条。

提示：绘制卫衣领子时注意与脖子之间的穿插关系。

步骤三：先用棕色针管笔画出五官的轮廓线条以及人体的轮廓线条，再用黑色勾线笔勾勒出头发的线条，最后画出整体服装的轮廓线条以及鞋子的线条表现。

步骤四：绘制皮肤的颜色表现。用G48号色和G26号色马克笔画出皮肤的明暗颜色表现。

步骤五：先用NG4号色马克笔平铺头发的底色，再用NG8号色马克笔加深头发的暗面。

步骤六：画出面部的妆容颜色。用G170号色马克笔画出眼影的颜色，再用G183号色和G72号色马克笔画出眼珠和嘴唇的颜色。

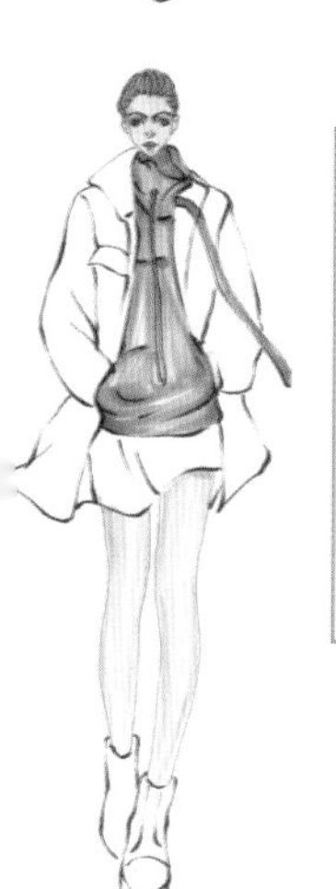

步骤七：画出卫衣的颜色表现。用MG3号色马克笔画出卫衣的底色，再用MG4号色马克笔加深卫衣的暗面颜色。

步骤八：用G53号色马克笔画出外套的颜色表现，亮面直接留白处理。

步骤九：用NG4号色马克笔画出裤子的暗面以及鞋子的底色，再用NG8号色马克笔加深鞋子的暗部颜色，最后用高光笔画出卫衣和鞋子的高光表现。

长袖拼接面料针织衫

这款针织衫运用拼接面料的造型设计，搭配同色系的围巾以及半裙，整体服装展现了女性优雅气质。

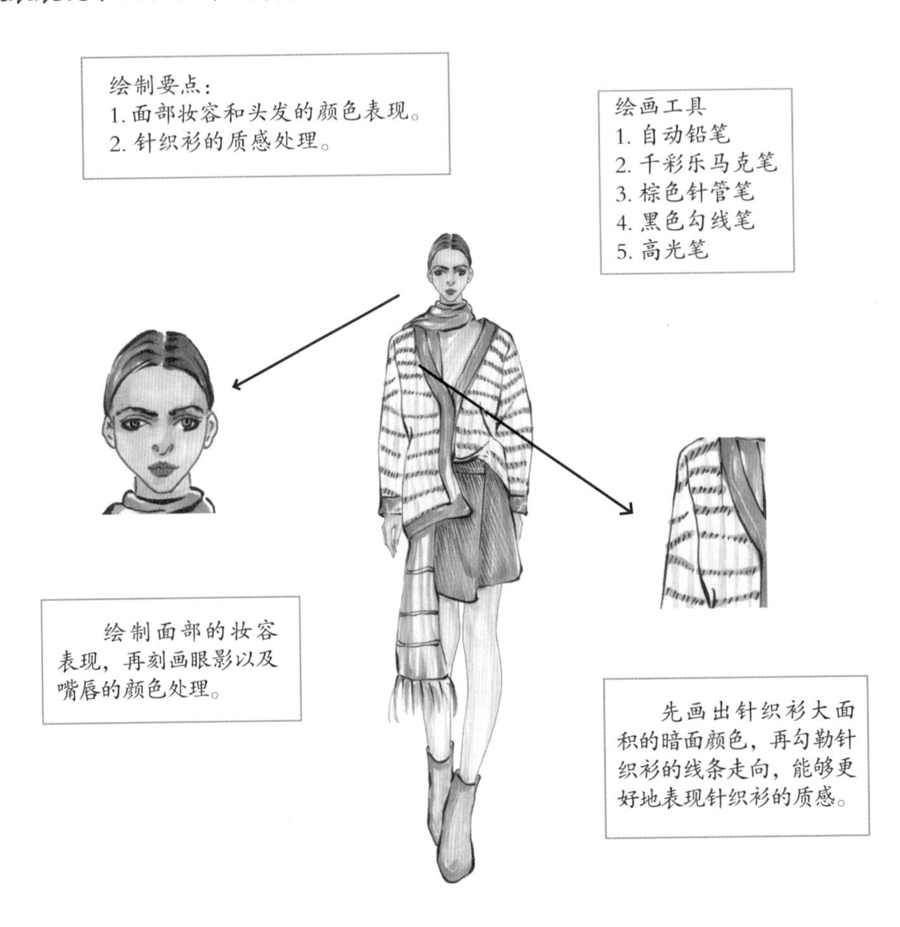

绘画颜色

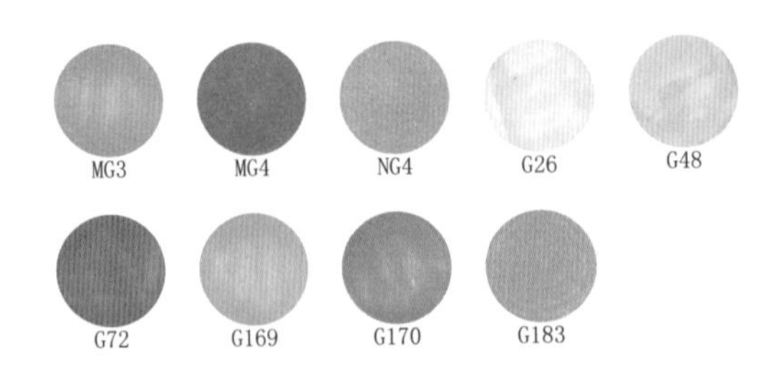

步骤一：用自动铅笔画出头部的轮廓线条，再画出人体的动态表现，注意腿部的前后空间变化表现。

步骤二：用自动铅笔勾勒出面部五官以及头发的轮廓线条，再根据动态的变化，画出整体服装的轮廓线条以及鞋子的线条表现。

提示：绘制针织衫褶皱线条时，注意线条的虚实变化处理。

步骤三：先用棕色针管笔画出五官轮廓线条以及人体的轮廓线条表现，再用黑色勾线笔画出头发的线条以及整体服装的线条表现，最后画出鞋子的线条。

步骤四：画出皮肤的颜色。用G26号色马克笔平铺皮肤的底色，再用G48号色马克笔加深皮肤的暗部颜色，尤其是眼部以及鼻底的暗面。

步骤五：先用MG3号色和MG4号色马克笔画出头发的明暗颜色表现，再用G170号色马克笔画出眼影的颜色，最后用G183号色马克笔和G72号色马克笔画出眼珠和嘴唇的颜色。

步骤六：先用NG4号色马克笔勾勒出针织衫的门襟颜色，再用G169号色马克笔画出针织衫的细节表现。

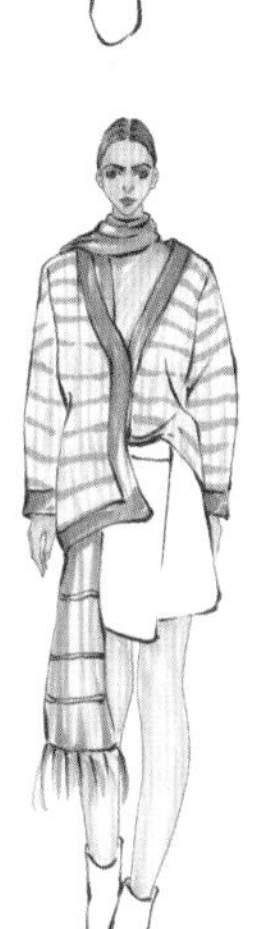

步骤七：画出围巾的颜色。用G169号色马克笔勾勒出围巾的明暗颜色表现。

步骤八：用MG3号色马克笔画出半裙的底色，再用MG4号色马克笔加深半裙的暗部颜色表现。

步骤九：用NG4号色马克笔画出鞋子的固有色，再用高光笔画出针织衫、半裙的高光颜色，最后画出鞋子的高光。

高腰七分裤

这款裤子采用高腰、窄裤腿的造型设计，运用亮色的颜色设计，搭配同色系的衬衫，整体的服装展现了女性的时尚气质。

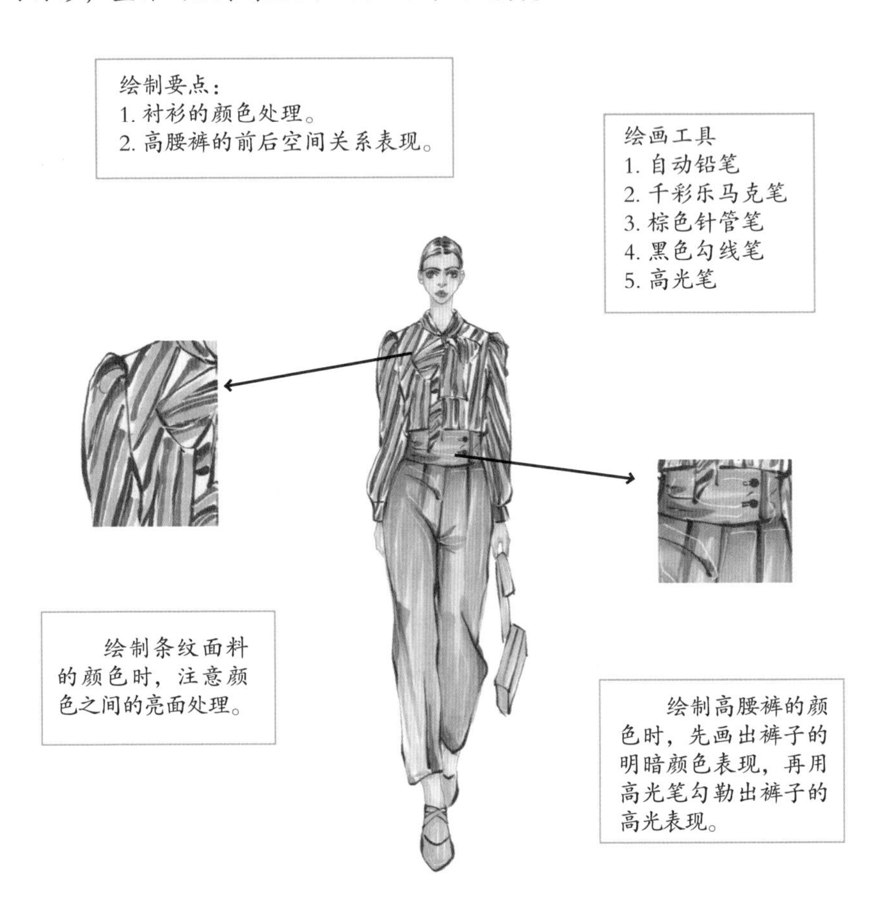

绘画颜色

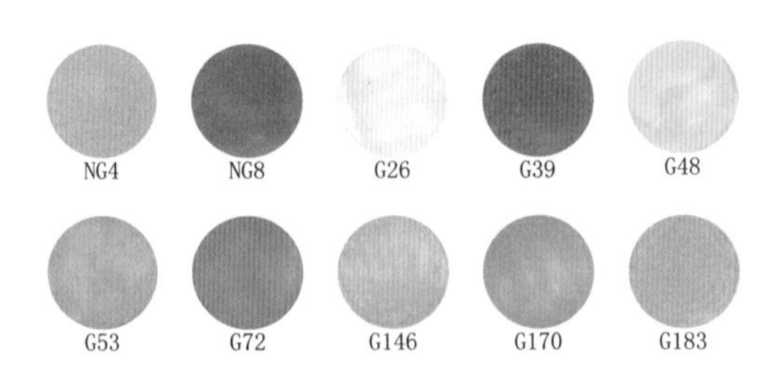

步骤一：用自动铅笔先画出头部的轮廓线条，再画出躯干的动态变化以及四肢的线条表现。

步骤二：用自动铅笔先勾勒出面部五官以及头发的线条表现，再画出整体衣服、手提包和鞋子的线条表现。

提示：绘制裤子内部的褶皱线条时，要仔细刻画。

步骤三：用棕色针管笔画出五官的轮廓线条和人体的轮廓线条表现，再用黑色勾线笔画出头发的轮廓线条以及整体服装的线条表现，最后画出包和鞋子的线条表现。

步骤四：画出皮肤的颜色，用G26号色马克笔画出皮肤的底色，再用G48号色马克笔加深皮肤的暗面颜色，注意强调眼部以及鼻底的暗面。

步骤五：先用NG4号色和NG8号色马克笔画出头发的明暗颜色表现，再用G170号色和G183号色马克笔画出眼影和眼珠的颜色，最后用G72号色马克笔画出嘴唇的颜色。

步骤六：用G53号色马克笔画出上衣的条纹颜色，再用G39号色马克笔画出上衣条纹的另一种颜色。

步骤七：用G146号色马克笔平铺裤子的底色，注意用笔的转折表现。

步骤八：用G39号色马克笔加深裤子的暗部颜色，再一次加深褶皱线的阴影表现。

步骤九：用G53号色马克笔画出手提包和鞋子的颜色表现，再用高光笔画出裤子和鞋子的高光表现。

立领无袖连体裤

这款连体裤采用高领、无袖、褶皱的造型设计，在腰部搭配腰带的配饰进行点缀，非常展现女性的时尚感。

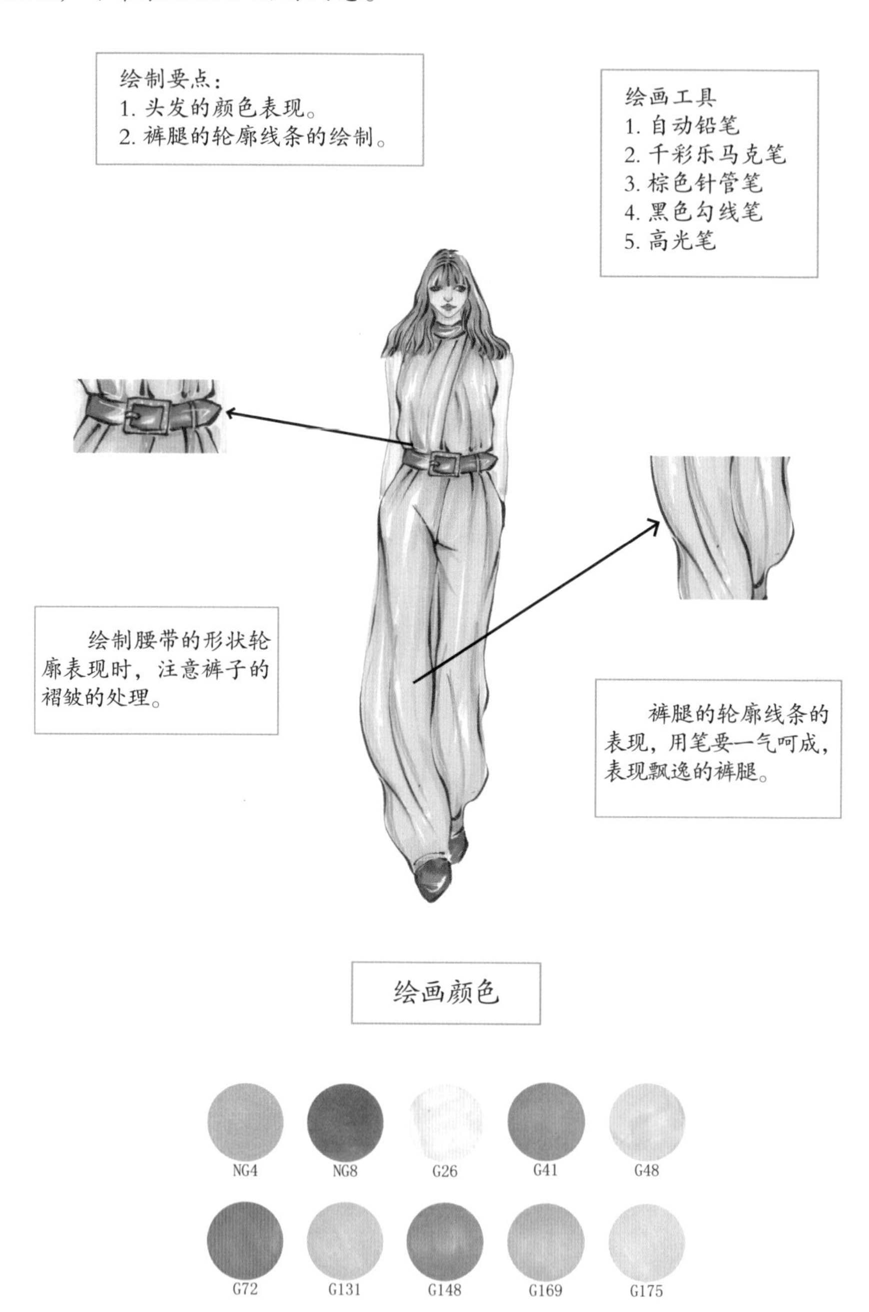

步骤一：先用自动铅笔画出头部的轮廓线条，再根据动态的变化，画出躯干的线条表现以及四肢的线条表现。

步骤二：用自动铅笔勾勒出面部五官的轮廓线条以及头发的线条表现，再画出整体服装和鞋子的线条表现。

提示：绘制连体裤的轮廓线条时，注意刻画内部的细节表现。

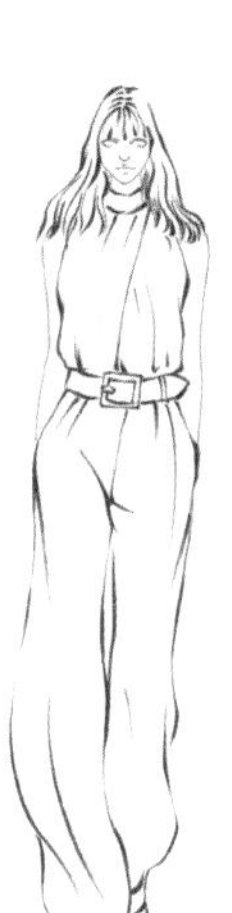

步骤三：先用棕色针管笔画出五官的轮廓线条以及人体的轮廓线条，再用黑色勾线笔勾勒出头发的轮廓线条、整体服装的虚实线条变化以及鞋子的线条。

步骤四：画出皮肤的明暗颜色变化。用G48号色马克笔加深皮肤色暗部颜色以及眼部的暗面，再用G26号色马克笔平铺皮肤的底色。

步骤五：画出头发的颜色变化。先用G169号色马克笔平铺头发的底色，再用G41号色马克笔加深头发的暗部颜色。

步骤六：用G175号色马克笔平铺连体裤的底色，注意用笔的转折表现。

步骤七：用G131号色马克笔画出连体裤的暗部颜色，再一次用G148号色马克笔勾勒出连体裤的褶皱线条表现。

步骤八：用NG8号色马克笔画出衣领与腰带的颜色，再用NG8号色和G72号色马克笔画出眼珠与嘴唇的颜色表现。

步骤九：用NG8号色马克笔画出鞋子的固有色，再用高光笔画出腰带、裤子和鞋子的高光表现。

翻驳领贴袋皮衣外套

这款皮衣外套运用翻领、贴袋的造型设计，采用较高光泽度面料设计，搭配简单的白 T 恤与长裤，展现了女性的时尚优雅气质。

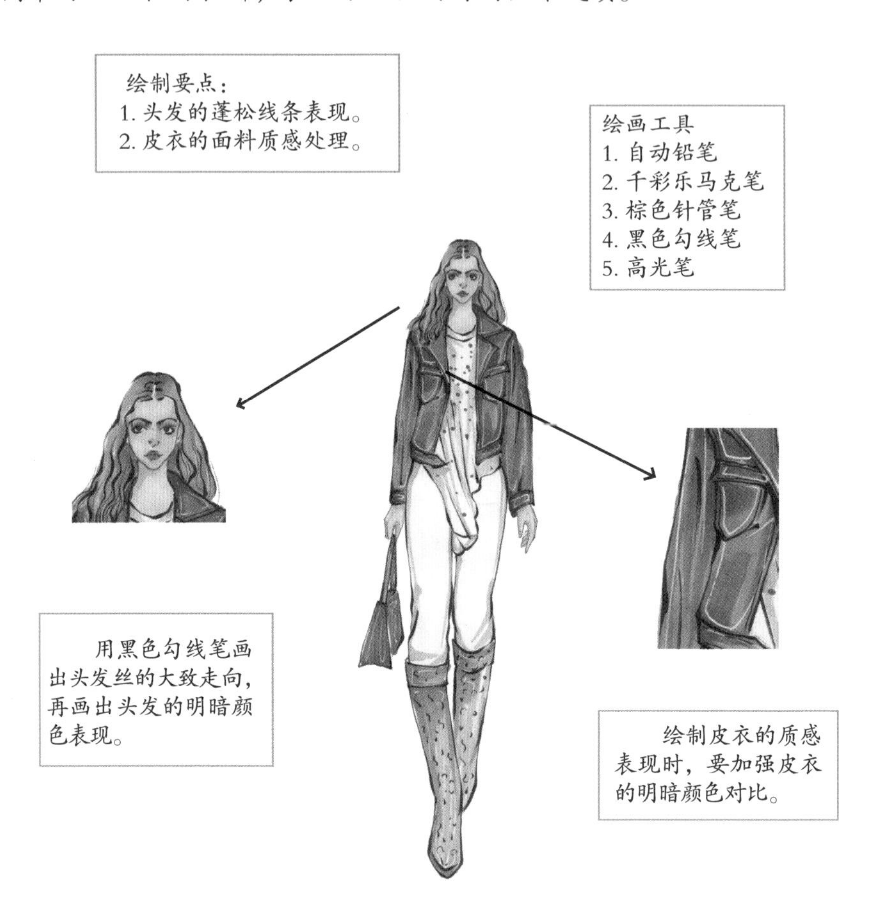

绘画颜色

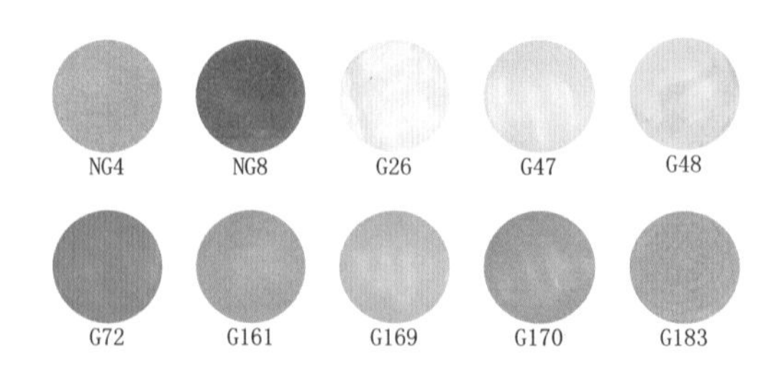

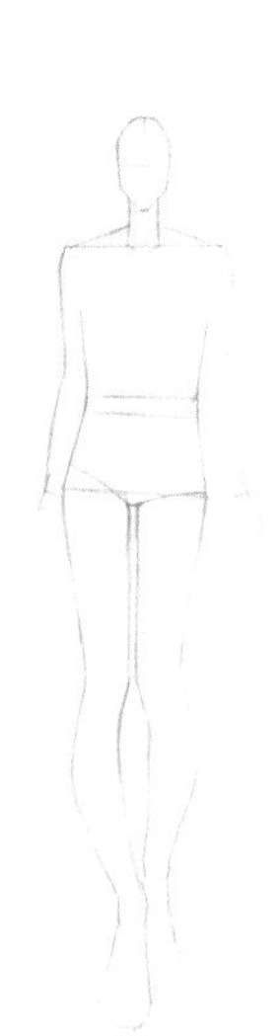

步骤一：用自动铅笔先画出头部的轮廓形状，再画出躯干的动态表现以及四肢的线条表现。

步骤二：用自动铅笔先勾勒出面部五官的线条以及头发的线条表现，再画出整体服装的外轮廓线条以及内部的褶皱线，最后画出鞋子的线条。

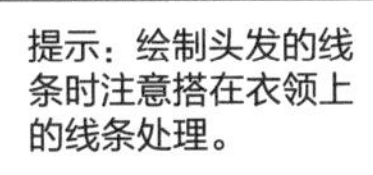

提示：绘制头发的线条时注意搭在衣领上的线条处理。

步骤三：先用棕色针管笔画出面部五官以及人体的轮廓线条，再用黑色勾线笔画出头发的线条，最后画出整体服装的虚实变化线条。

步骤四：用G26号色马克笔平铺皮肤的底色，再用G48号色马克笔加深眼部、鼻底、脖子、手部的暗面颜色。

步骤五：画出头发的明暗颜色变化。先用G169号色马克笔平铺头发的底色，亮部留白处理，再用G161号色马克笔加深头发的暗面。

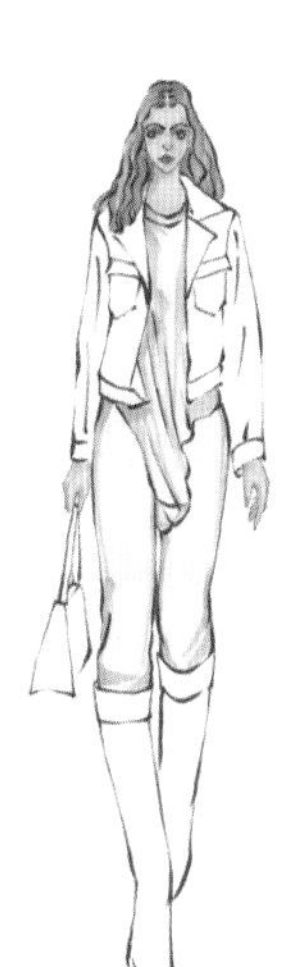

步骤六：用G47号色马克笔加深眼部的暗面，再用G170号色马克笔画出眼部的暗面，用G183号色和G72号色马克笔画出眼珠和嘴唇的颜色表现，最后用NG4号色马克笔画出白色内搭和裤子的暗面。

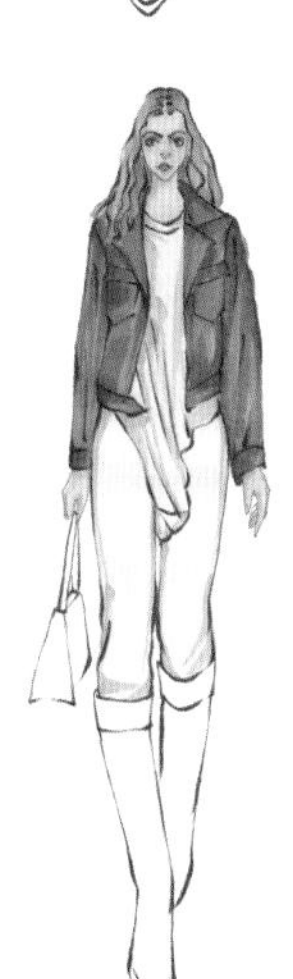

步骤七：用NG4号色马克笔平铺外套的底色，再用NG8号色马克笔加深外套的暗部颜色，再一次加深暗面，增强明暗颜色对比。

步骤八：用G72号色马克笔画出手提包的固有色，再用G170号色马克笔画出鞋子的明暗颜色对比，最后用黑色马克笔勾勒出鞋子表面的细节。

步骤九：用G72号色马克笔点缀内搭上衣的细节，再用高光笔勾勒出皮衣、手提包和鞋子的高光。

吊带抹胸A字摆连衣裙

这款抹胸吊带连衣裙采用面料拼接的造型设计，韵律亮片和雪纺衫两种材质进行设计，展现了女性的优雅气质魅力。

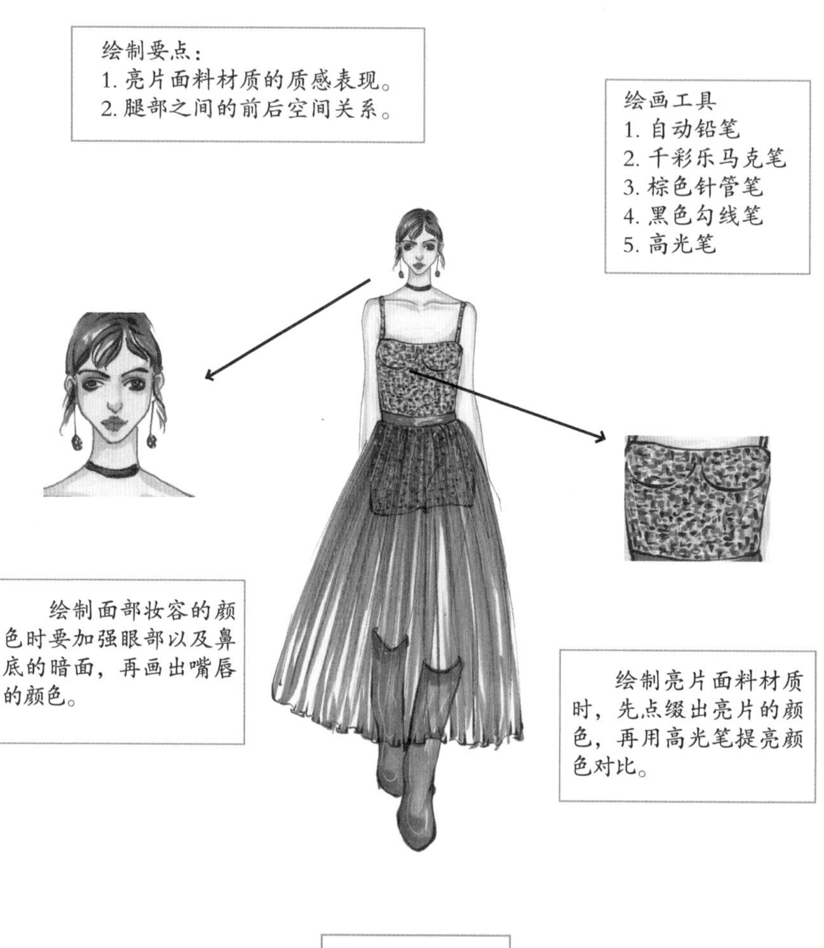

绘画颜色

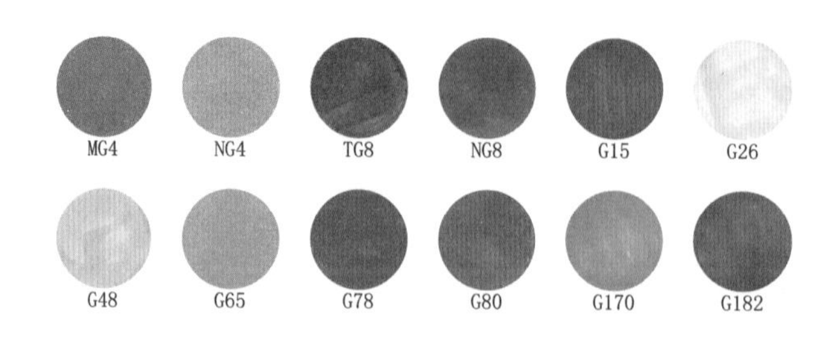

步骤一：用自动铅笔先画出头部的轮廓线条，再画出躯干的动态表现以及四肢的线条表现。

步骤二：用自动铅笔先勾勒出五官和头发的线条表现，再绘制出连衣裙的外轮廓线条以及内部的褶皱线，最后画出鞋子的线条表现。

提示：绘制裙摆的线条时注意表现裙子的飘逸感。

步骤三：先用棕色针管笔画出五官的轮廓线条以及人体的外轮廓线条表现，再用黑色勾线笔勾勒出头发的线条以及连衣裙的虚实线条表现，最后画出鞋子的线条表现。

步骤四：画出皮肤的颜色。先用G26号色马克笔平铺皮肤的底色，再用G48号色马克笔画出眼部、鼻底、脖子、手臂以及腿部的暗面颜色。

步骤五：用G170号色和NG8号色马克笔画出眼影和眼珠的颜色，再用G78号色马克笔画出嘴唇的颜色，最后用G65号色马克笔平铺裙子的底色。

步骤六：用G80号色马克笔和G15号色马克笔点缀亮片面料连衣裙的颜色，再用黑色勾线笔点缀亮片的颜色。

步骤七：绘制头发的颜色。先用MG4号色马克笔平铺头发的底色，再用TG8号色马克笔加深头发的暗面颜色。

步骤八：用NG8号色马克笔勾勒出腰带的颜色，再用NG4号色和NG8号色马克笔画出靴子的明暗颜色表现。

步骤九：用G15号色马克笔画出裙摆的暗面颜色，再用高光笔勾勒出亮片连衣裙的材质表现。

无袖收腰拖摆连衣裙

这款连衣裙采用小立领、无袖、拖摆的造型设计，上半身运用褶皱对称的设计，丰富服装的层次感，搭配飘逸的裙摆，非常展现女性的优雅柔和的气质。

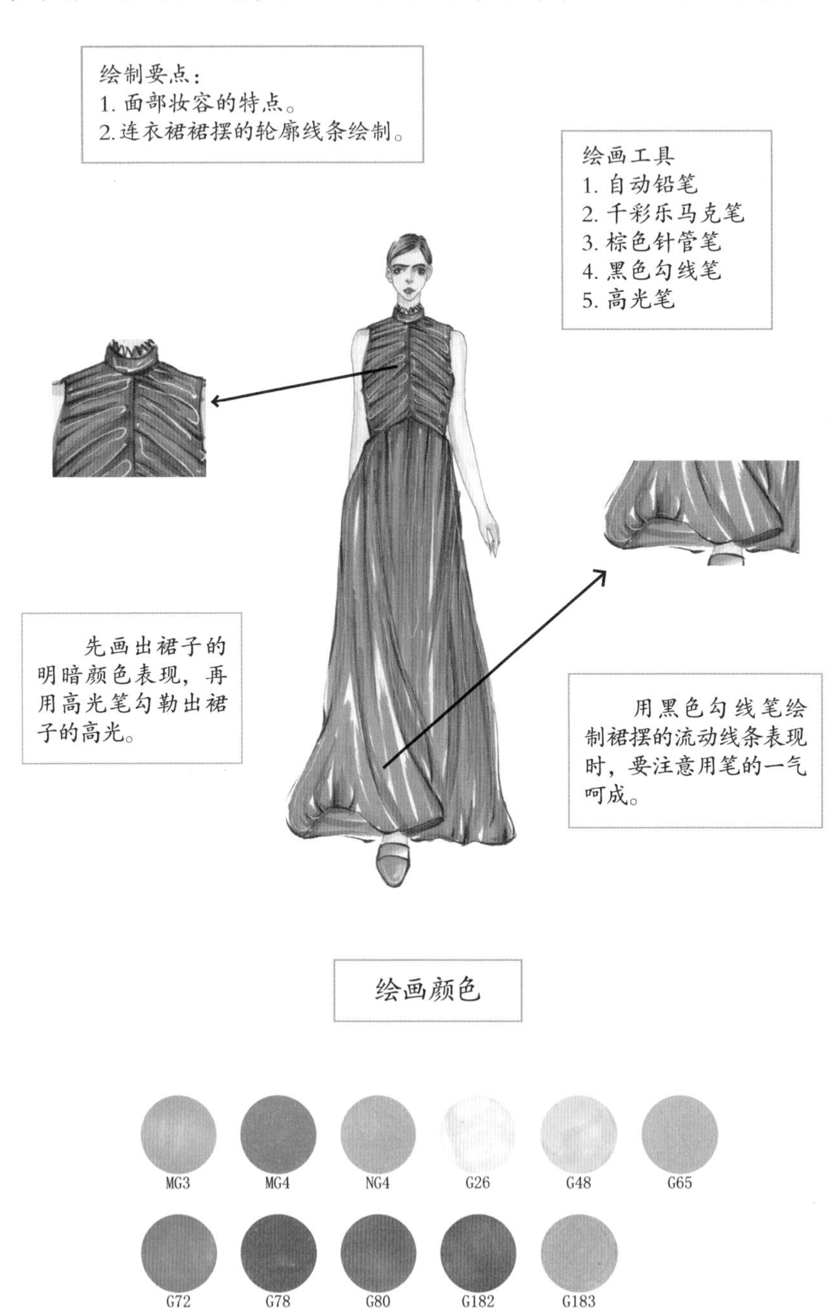

绘画颜色

MG3 MG4 NG4 G26 G48 G65

G72 G78 G80 G182 G183

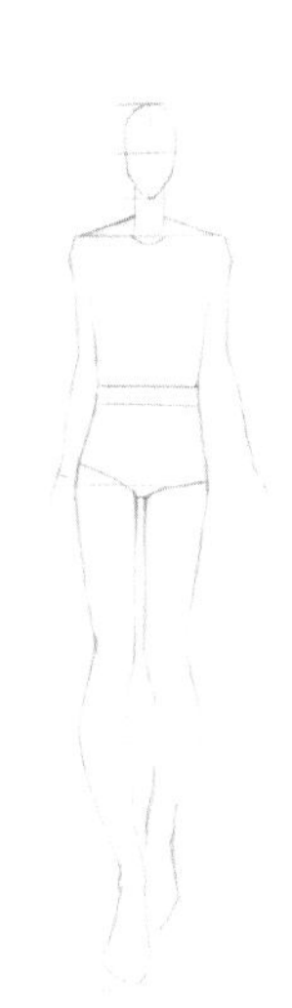

步骤一：用自动铅笔画出头部的外轮廓线条，再画出人体的躯干线条以及四肢的线条表现。

步骤二：用自动铅笔细致刻画面部五官线条以及头发的线条表现，再画出连衣裙的外轮廓线条以及内部褶皱线条，最后画出鞋子的轮廓。

提示：绘制裙子上半身的褶皱线条要注意虚实变化。

步骤三：先用棕色针管笔画出五官的轮廓线条以及人体的轮廓线条，再用黑色勾线笔勾勒出连衣裙的虚实变化线条以及鞋子的轮廓线条表现。

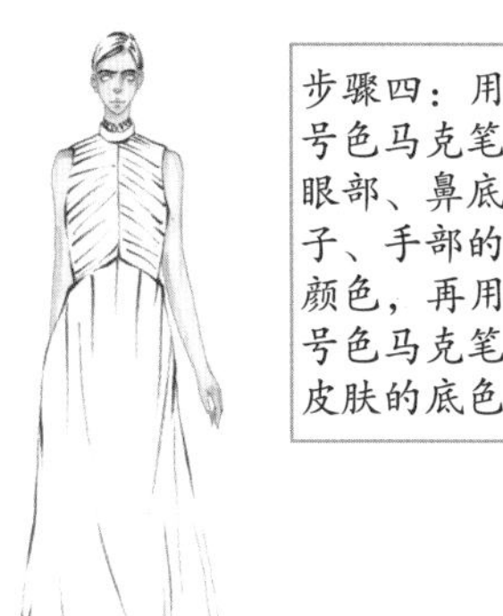

步骤四：用 G48 号色马克笔加深眼部、鼻底、脖子、手部的暗部颜色，再用 G26 号色马克笔画出皮肤的底色。

步骤五：绘制头发的颜色。先用 MG3 号色马克笔平铺头发的底色，再用 MG4 号色马克笔加深头发的暗部颜色，注意用笔的转折表现。

步骤六：用 G72 号色马克笔平铺连衣裙的底色，绘制裙摆时注意用笔的转折表现。

步骤七：用 G80 号色马克笔加深上半身褶皱线位置的阴影，再加深下半部裙子的暗面颜色。

步骤八：画出面部妆容颜色。用 G65 号色马克笔加深眼部的暗面，再用 G183 号色马克笔画出眼珠的颜色，最后用 G78 号色马克笔画出嘴唇的颜色。

步骤九：用 NG4 号色马克笔画出鞋子的固有色，再用高光笔画出连衣裙的高光颜色以及鞋子的高光。

翻驳领贴袋长款风衣

这款风衣采用戗驳领、贴袋的造型元素设计，整体服装运用超长款的衣身设计，搭配翻领衬衫以及简单的长裤，非常展现女性的知性气质。

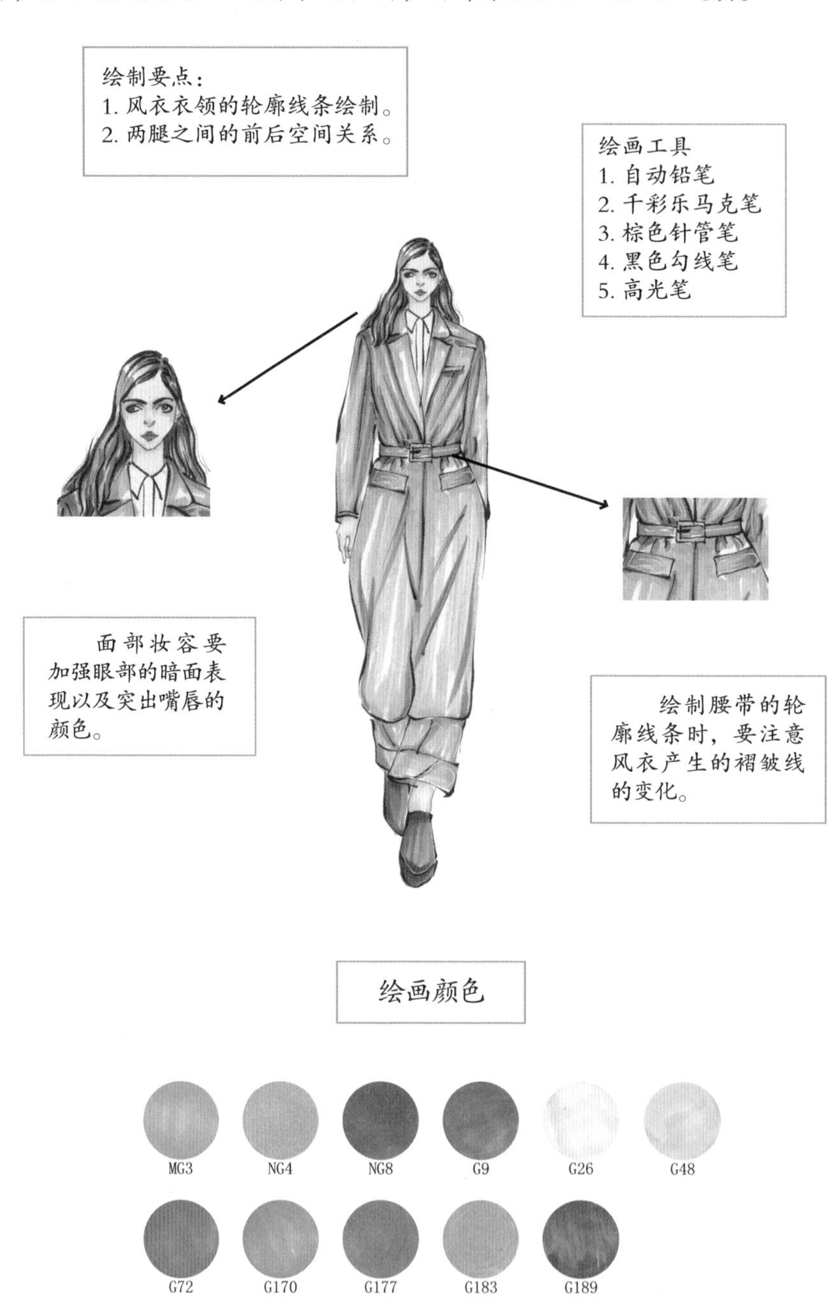

步骤一：用自动铅笔勾勒出头部的轮廓线条，再画出人体的躯干动态变化，最后画出四肢的线条表现。

步骤二：用自动铅笔细致刻画面部五官的轮廓线条以及头发的线条表现，再画出整体服装的轮廓线条以及鞋子的线条表现。

提示：注意表现腰带位置产生的褶皱线。

步骤三：先用棕色针管笔画出面部五官以及人体的轮廓线条表现，再用黑色勾线笔画出头发的线条表现以及整体服装的线条表现，最后勾勒鞋子的线条。

步骤四：先用G26号色马克笔画出皮肤的底色，再用G48号色马克笔加深眼部、鼻底、脖子、腿部的暗面颜色。

步骤五：画出头发的颜色。用NG4号色马克笔平铺头发的底色，再用NG8号色马克笔加深头发的暗部颜色。

步骤六：画出面部妆容颜色。用G170号色马克笔加深眼部的暗面，再用G183号色和G72号色马克笔画出眼珠和嘴唇的颜色。

步骤七：用G183号色马克笔平铺风衣的底色，再用NG4号色马克笔画出内搭衬衫的暗面。

步骤八：先用G9号色马克笔加深风衣的暗面颜色，注意用笔的转折表现，再用MG3号色马克笔画出裤子的明暗颜色变化。

步骤九：先用G177号色平铺腰带的固有色以及鞋子的底色，再用G177号色马克笔加深鞋子的暗面，最后用高光笔勾勒出风衣的高光颜色。

V领荷叶边褶皱连衣裙

这款裙子运用V领吊带、高腰的设计，搭配裙身分层褶皱的设计，既能表现整体的时尚效果，也能体现女性的优雅气质。

步骤一：用自动铅笔先勾勒出头部的轮廓线条，再根据人体的动态表现，画出躯干的线条和四肢的线条表现。

步骤二：用自动铅笔勾勒出面部五官的细节轮廓，再画出头发的线条，然后根据人体动态的表现，画出连衣裙以及鞋子的线条表现。

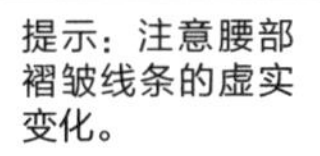

步骤三：先用棕色针管笔画出人体的轮廓线条以及五官的线条表现，再用黑色勾线笔画出连衣裙的线条变化，以及内部褶皱线的虚实变化，最后画出鞋子的轮廓线条。

步骤四：先用G26号色马克笔平铺皮肤的底色，再用G48号色马克笔画出皮肤的暗部颜色，暗部颜色的绘制根据光源的变化处理。

步骤五：绘制头发的颜色。先用TG8号色马克笔加深头发的暗面，注意用笔的转折变化，再用MG4号色马克笔画出头发的固有色。

步骤六：用G175号色马克笔平铺连衣裙的底色，裙摆上色要一气呵成，不要拖泥带水，亮面直接留白。

步骤七：先用G131号色马克笔加深连衣裙的暗部颜色，再一次用G153号色马克笔加深裙身褶皱线的阴影。

步骤八：绘制面部妆容的颜色。用G170号色马克笔加深眼部的阴影，再用棕色针管笔加深眼部轮廓，最后用G183号色和G72号色马克笔画出眼珠和嘴唇的颜色。

步骤九：先用G92号色马克笔画出腰带的固有色，再用G153号色马克笔加深连衣裙上半身褶皱线的阴影，最后画出高光。

长袖贴袋毛呢外套

这款外套运用戗驳领、贴袋设计，搭配同色系的内搭上衣和半裙，整体展现了女性的时尚靓丽气质。

绘制要点：
1. 毛呢外套的质感表现。
2. 两腿之间的前后空间关系变化。

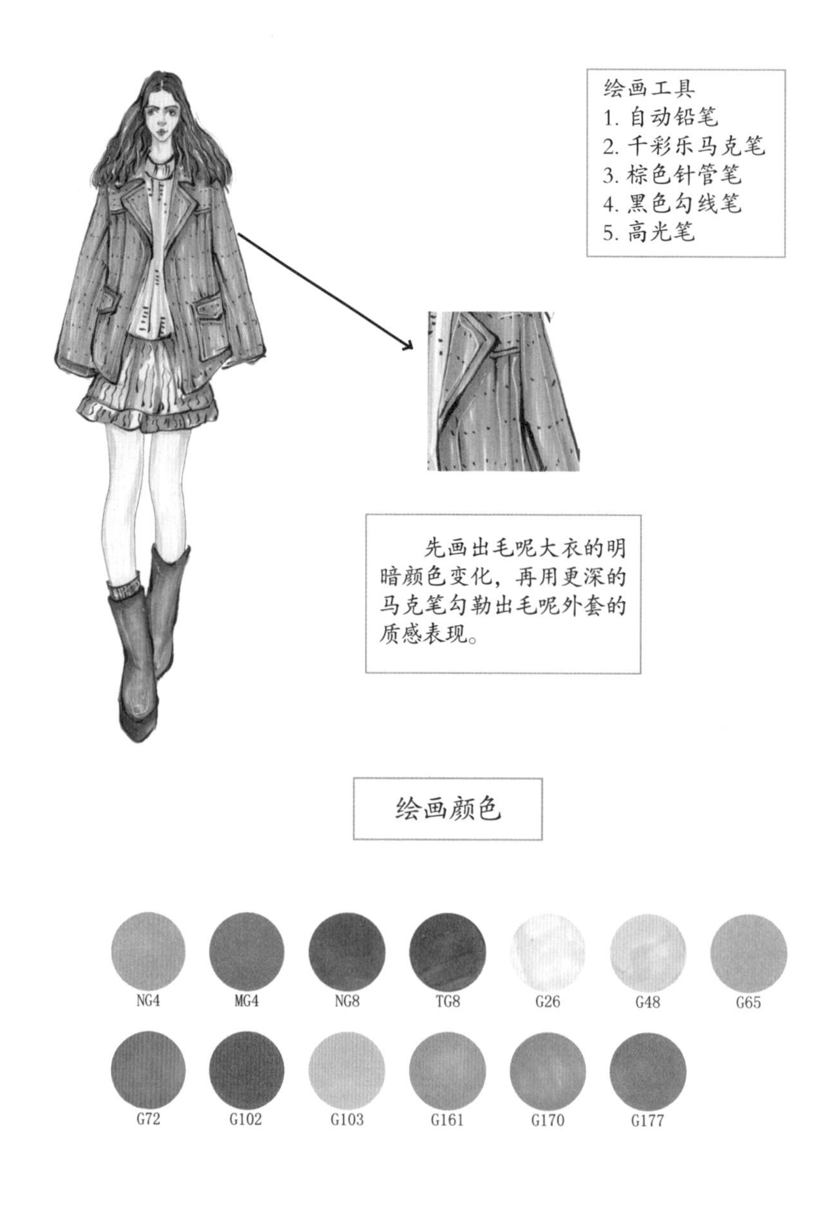

步骤一：先用自动铅笔勾勒出头部的外轮廓形状，再画出躯干的动态变化线条以及四肢的线条表现。

步骤二：用自动铅笔先刻画出面部五官以及头发的线条表现，再根据人体的动态表现画出整体服装和鞋子的线条。

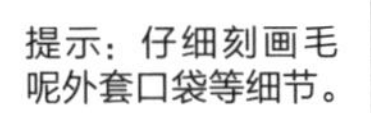

提示：仔细刻画毛呢外套口袋等细节。

步骤三：先用棕色针管笔画出人体的轮廓线条以及五官的线条表现，再用黑色勾线笔画出头发的线条、整体服装的线条变化以及内部褶皱线的虚实变化，最后画出鞋子的线条。

步骤四：绘制皮肤的颜色。用G48号色马克笔加深五官暗面以及脖子和腿部的暗面颜色，再用G26号色马克笔平铺皮肤的底色。

步骤五：绘制头发的颜色。先用TG8号色马克笔加深头发的暗面，注意用笔的转折变化，再用MG4号色马克笔画出头发的固有色，用G170号色马克笔画出眼睛暗面，最后用NG8号色和G72号色马克笔画出眼珠和嘴唇的颜色。

步骤六：用G170号色马克笔平铺毛呢外套的底色，用笔的转折根据轮廓线条的走向绘制。

步骤七：用G177号色马克笔加深毛呢外套的暗部颜色，再一次加深领子、口袋和袖口的暗面。

步骤八：先用G103号色马克笔勾勒出内搭上衣的底色，再用G161号色马克笔画出半裙的暗面，最后用黑色勾线笔画出毛呢外套、内搭上衣和半裙的细节。

步骤九：用NG4号色和NG8号色马克笔画出鞋子的明暗颜色变化，再用高光笔画出毛呢外套和鞋子的高光。

拼接皮草面料大衣

这款大衣采用长款皮草毛和短款皮草毛拼接的造型设计，再搭配同色系的半裙，整体的服装效果既能展现女性的时尚气质，也能体现舒适温暖气息。

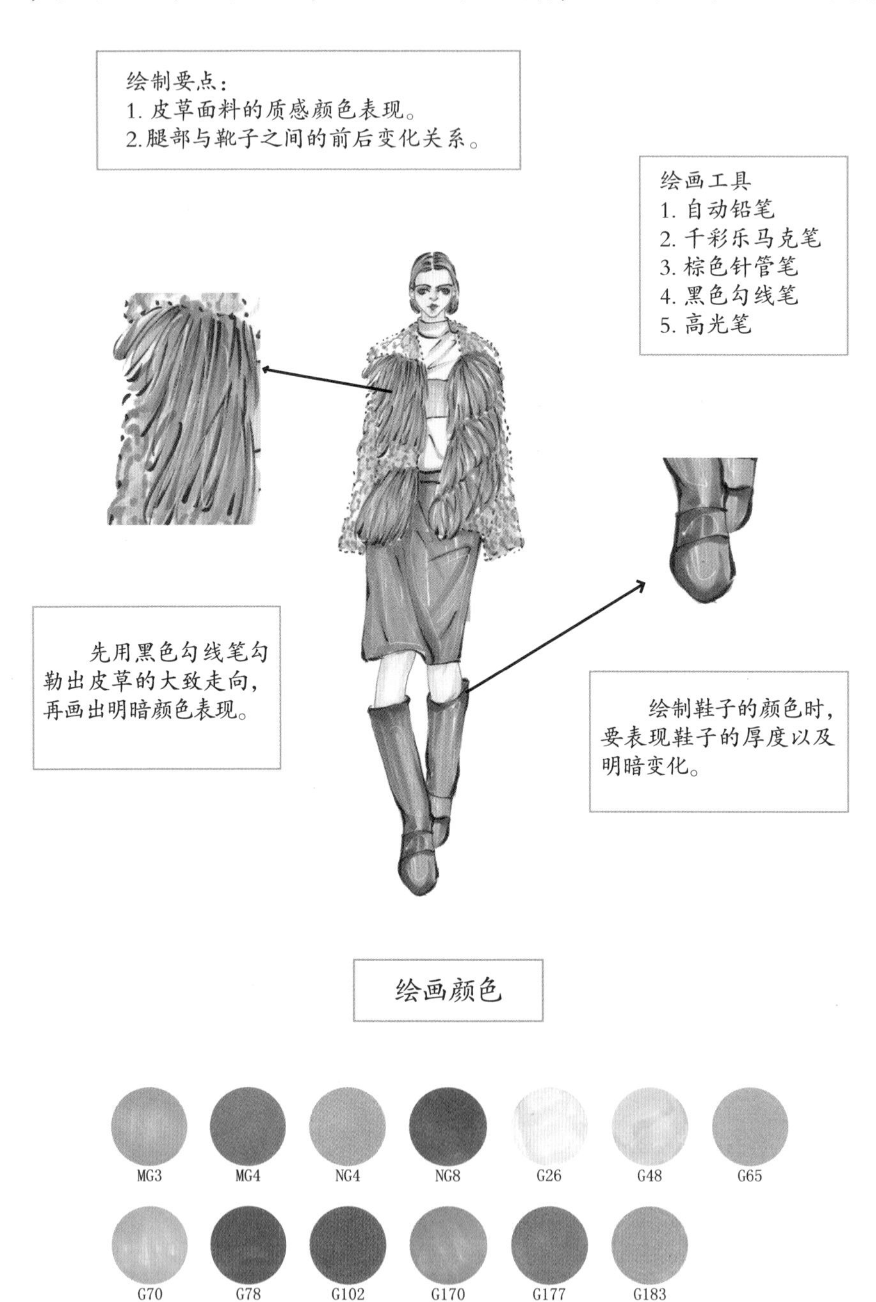

步骤一：用自动铅笔画出头部的轮廓，再画出人体的动态变化表现，注意腿部的前后关系。

步骤二：用自动铅笔画出面部五官以及头发的轮廓线条，再勾勒出内搭上衣、皮草外套、半裙和鞋子的轮廓线条变化。

提示：仔细刻画长款皮革和短款皮草的线条。

步骤三：先用棕色针管笔勾勒出五官的以及人体的轮廓线条，再用黑色勾线笔画出头发的线条，最后画出皮草外套、内搭、半裙以及鞋子的轮廓线条表现。

步骤四：画出皮肤的颜色。用G26号色马克笔平铺皮肤的底色，再用G48号色马克笔画出皮肤的暗部。

步骤五：绘制头发的颜色。先用NG8号色马克笔勾勒出头发的暗面，再用NG4号色马克笔画出头发的底色，高光位置留白处理。

步骤六：画出面部妆容。用G65号色马克笔加深眼部暗面，再用G183号色马克笔画出眼珠的颜色，最后用G78号色马克笔画出嘴唇的颜色。

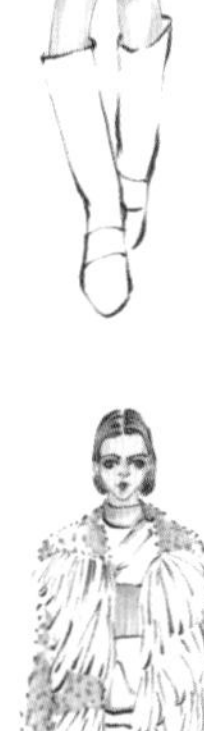

步骤七：先用NG4号色马克笔点缀短款皮草的底色，再用G70号色马克笔画出内搭上衣的暗部。

步骤八：先用G170号色马克笔画出长款皮草的底色，再用G93号色马克笔平铺半裙的底色，最后再用G177号色和NG8号色马克笔加深长款皮草和短款皮草的暗面。

步骤九：先用MG3号色和MG4号色马克笔画出靴子的明暗颜色表现，注意表现靴子的厚度，用G102号色马克笔再一次加深长款皮草的暗面，最后用高光笔勾勒出皮草外套和靴子的高光。

第6章 男装款式

男装包括上装和下装。男装的服装款式比较简单，主要从面料、材质等工艺方面进行设计。

6.1 春夏服装款式表现

男装春夏季节的服装比较简洁，通常是T恤、衬衫、卫衣、牛仔裤和休闲裤的款式，通过对颜色进行设计来搭配出清爽干净的男装。

条纹面料拼接背心

这款背心的设计非常简单，主要通过条纹面料进行款式设计，再搭配舒适的短裤，非常体现夏季的舒适感。

绘制要点：
1. 把握好人体动态的特点，注意腿部之间的前后关系。
2. 绘制背心与短裤之间的堆褶线条时注意空间变化表现。

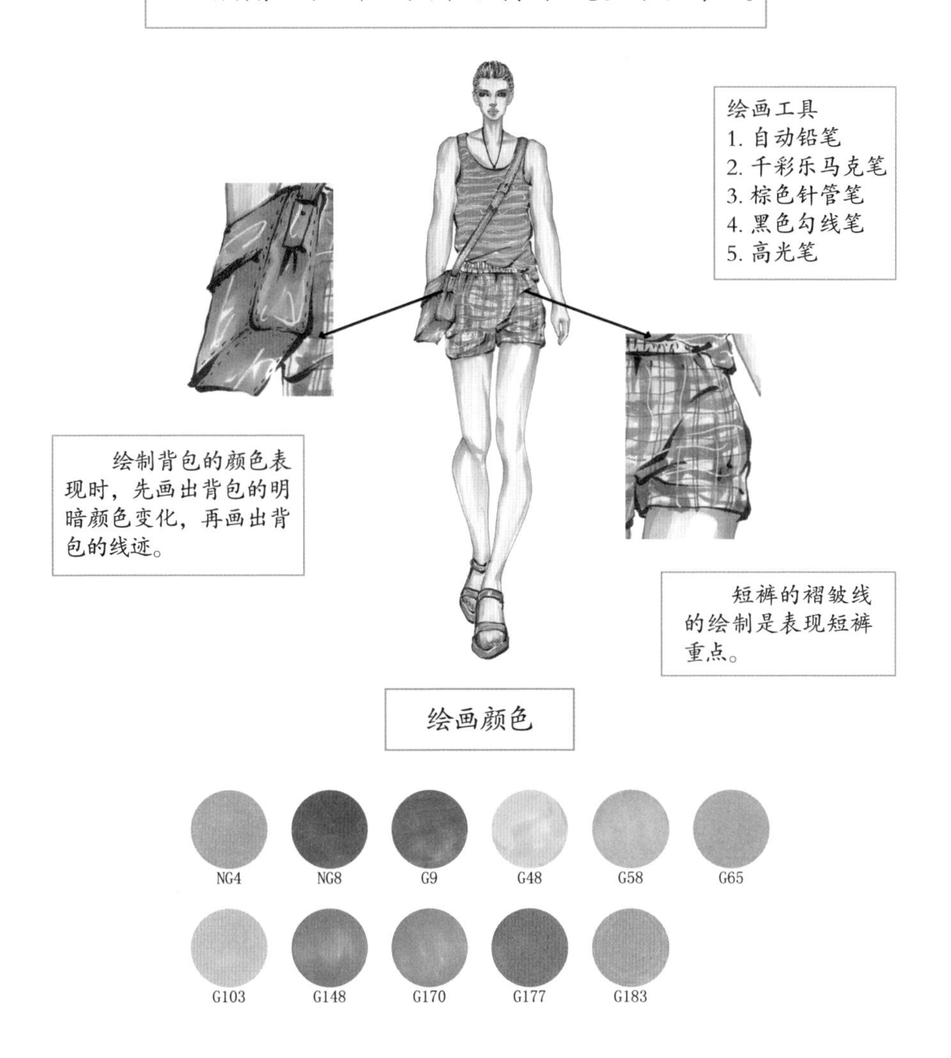

步骤一：用自动铅笔先勾勒出头部的轮廓线条，再根据人体的动态表现画出躯干的线条和四肢的线条表现。

步骤二：用自动铅笔勾勒出五官的细节轮廓，再画出头发的线条，最后根据人体动态的表现，画出整体服装、背包以及鞋子的线条表现。

提示：绘制男士人体的手臂线条时，注意表现男士手臂的肌肉的线条。

步骤三：先用棕色针管笔画出人体的轮廓线条以及五官的线条表现，再用黑色勾线笔画出整体服装的线条变化以及内部褶皱线的虚实变化，最后画出背包和鞋子的轮廓线条。

步骤四：先用G48号色马克笔平铺皮肤的底色，再用G65号色马克笔画出皮肤的暗部颜色，暗部颜色的绘制根据光源的变化处理。

步骤五：绘制头发的颜色。先用NG8号色马克笔加深头发的暗面，注意用笔的转折变化，再用NG4号色马克笔画出头发的固有色。

步骤六：绘制背心的固有色。先用G9号色马克笔画出条纹的颜色，再用G58号色马克笔画出条纹的固有色。

步骤七：先用G183号色马克笔画出短裤的底色，再用G9号色马克笔画出格纹的线条，最后再用G103号色马克笔点缀短裤的图案颜色。

步骤八：用G170号色和G177号色马克笔画出背包的明暗颜色表现，再用G148号色马克笔画出鞋子的固有色。

步骤九：先用黑色勾线笔勾勒出背包的线迹，再用高光笔画出头发、背心、短裤、背包和鞋子的高光颜色。

短袖字母图案T恤

男士T恤的设计采用圆领、宽松短袖的造型设计，搭配T恤面料的图案设计，增加服装的色彩表现力。

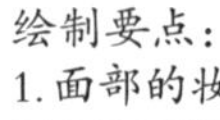

绘制要点：
1.面部的妆容以及头发的颜色表现。
2.T恤下摆堆褶的线条处理。

绘画工具
1. 自动铅笔
2. 千彩乐马克笔
3. 棕色针管笔
4. 黑色勾线笔
5. 高光笔

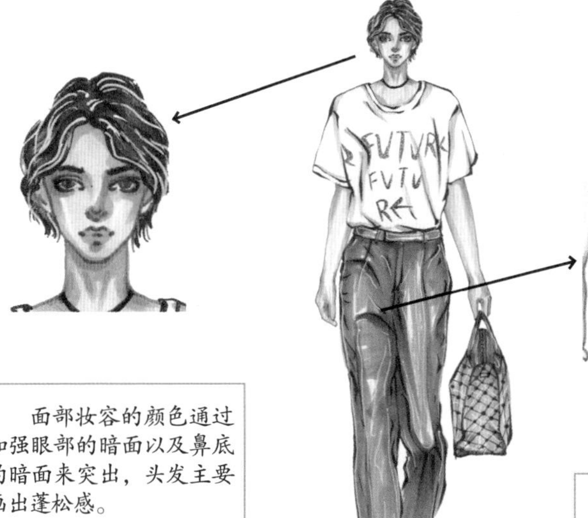

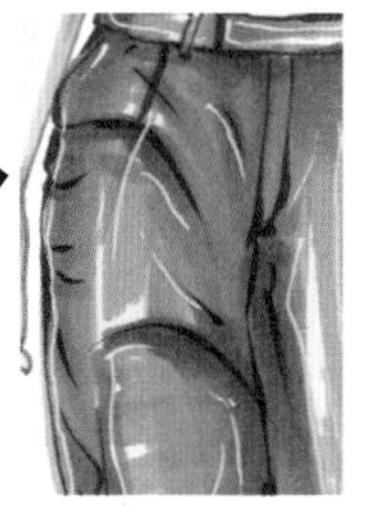

面部妆容的颜色通过加强眼部的暗面以及鼻底的暗面来突出，头发主要画出蓬松感。

绘制裤子的颜色表现时，先画出裤子的明暗颜色表现，再用高光笔画出裤子的高光。

绘画颜色

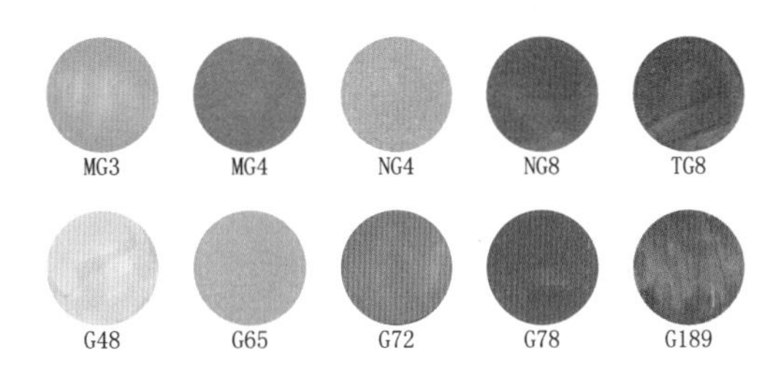

步骤一：先用自动铅笔勾勒出头部的外轮廓形状，再画出躯干的动态变化线条以及四肢的线条表现。

步骤二：用自动铅笔先刻画出面部五官以及头发的线条表现，再根据人体的动态表现，画出整体服装、手提包和鞋子的线条。

提示：绘制裤子内部的褶皱线条时，注意线条的虚实变化处理。

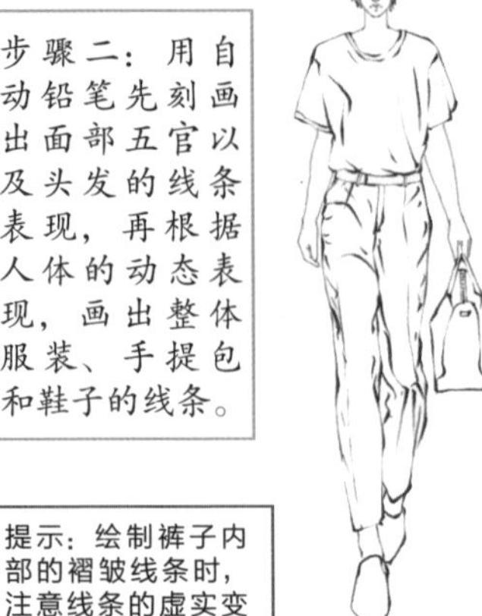

步骤三：先用棕色针管笔画出人体的轮廓线条以及五官的线条表现，再用黑色勾线笔画出头发的线条、整体服装的线条变化以及裤子内部褶皱线的虚实变化，最后画出手提包和鞋子的线条。

步骤四：绘制头发的颜色。先用TG8号色马克笔加深头发的暗面，注意用笔的转折变化，再用G189号色马克笔画出头发的固有色。

步骤五：绘制皮肤的颜色。用G65号色马克笔加深五官暗面以及脖子、手部和腿部的暗面颜色，再用G48号色马克笔平铺皮肤的底色。

步骤六：先用NG4号色马克笔画出T恤的暗部颜色，再用G78号色马克笔画出T恤的图案字母，最后再用黑色勾线笔勾勒出图案字母以及项链的颜色。

步骤七：绘制裤子的颜色。先用MG3号色马克笔平铺裤子的底色，再用MG4号色马克笔加深裤子的暗面颜色，注意强调腿部走动时产生的阴影。

步骤八：画出配饰的固有色。先用G72号色马克笔画出鞋子的明暗颜色，再用NG8号色马克笔画出袜子的颜色，用MG3号色和G78号色马克笔画出手提包的固有色，最后用黑色勾线笔勾勒出手提包的细节。

步骤九：先用NG8号色和G65号色马克笔画出眼珠和嘴唇的颜色，再用高光笔勾勒出头发的高光、裤子的高光、手提包的高光，最后点缀鞋子的质感表现。

翻领中袖衬衫

这款男士衬衫采用翻领、长袖的造型设计，袖口运用包边的细节处理，搭配简单的牛仔裤，既能展现服装的休闲感，也能展现整体的成熟气质。

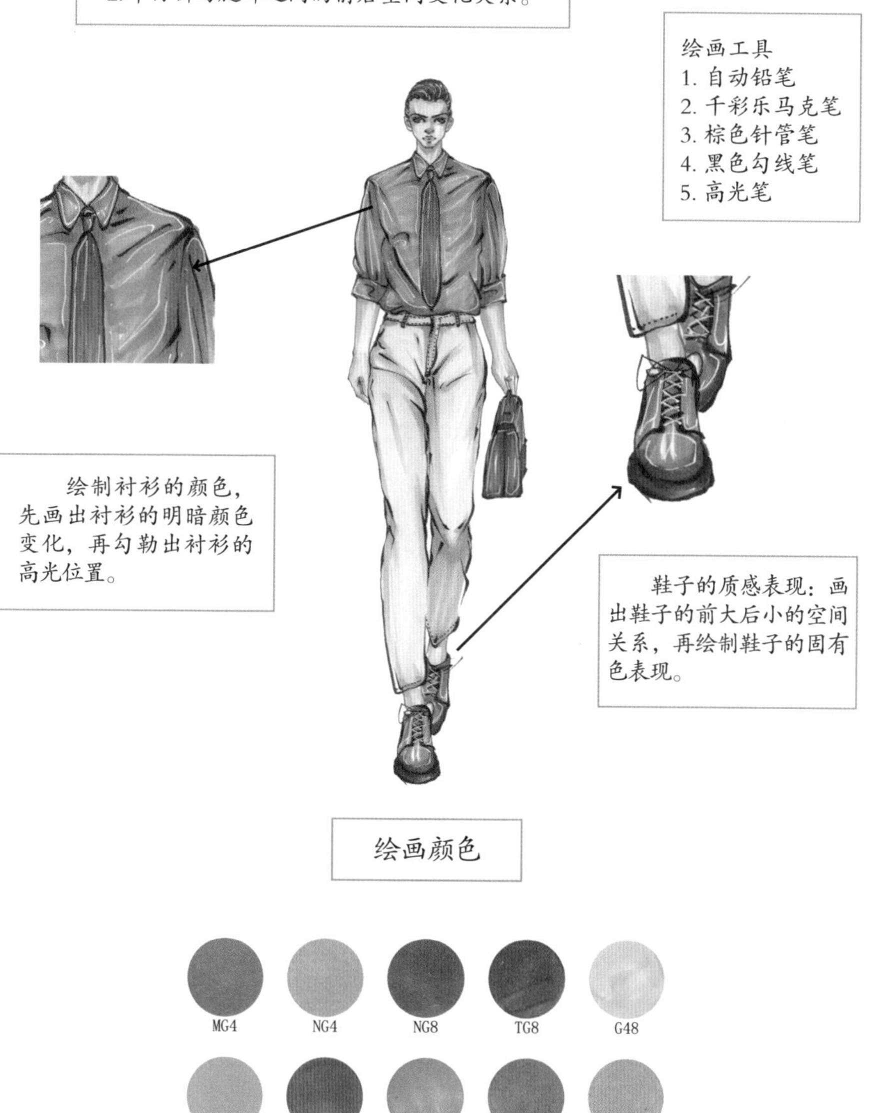

步骤一：用自动铅笔勾勒出头部的外轮廓线条，再画出躯干的动态变化以及四肢的线条表现。

步骤二：用自动铅笔勾勒出五官的轮廓线条变化以及头发的轮廓线条，再画出衬衫和裤子衬衫的轮廓线条以及鞋子和手提包的线条表现。

提示：绘制衬衫的内部线条表现时，注意线条的虚实变化处理。

步骤三：用棕色针管笔勾勒出五官以及人体的轮廓线条，再用黑色勾线笔画出整体服装的轮廓线条变化以及鞋子和手提包的线条表现。

步骤四：画出头发的颜色。先用MG4号色马克笔平铺头发的底色，再用TG8号色马克笔画出头发的暗部颜色，头发的高光位置运用留白的方式处理。

步骤五：绘制出皮肤的颜色。用G48号色马克笔和G65号色马克笔画出皮肤的明暗颜色变化，注意暗面的颜色根据光源的变化进行上色。

步骤六：先用G170号色马克笔平铺衬衫的底色，再用G177号色马克笔画出衬衫的暗部颜色，注意用笔的转折变化。

步骤七：绘制白色裤子的颜色。只需要画出裤子的暗部颜色，用NG4号色马克笔画出裤子的褶皱位置的阴影颜色。

步骤八：用G80号色马克笔画出领巾以及手提包的固有色，再用NG8号色马克笔画出鞋子的颜色，注意明暗颜色的变化。

步骤九：用G183号色马克笔和G65号色马克笔画出眼珠和嘴唇的颜色，最后用高光笔勾勒出头发、衬衫、手提包以及鞋子的高光表现。

V领松紧衣摆针织开衫

这款男士针织开衫运用V领、长袖的造型设计，搭配内部插袋的细节设计，增加了整体服装的舒适感。

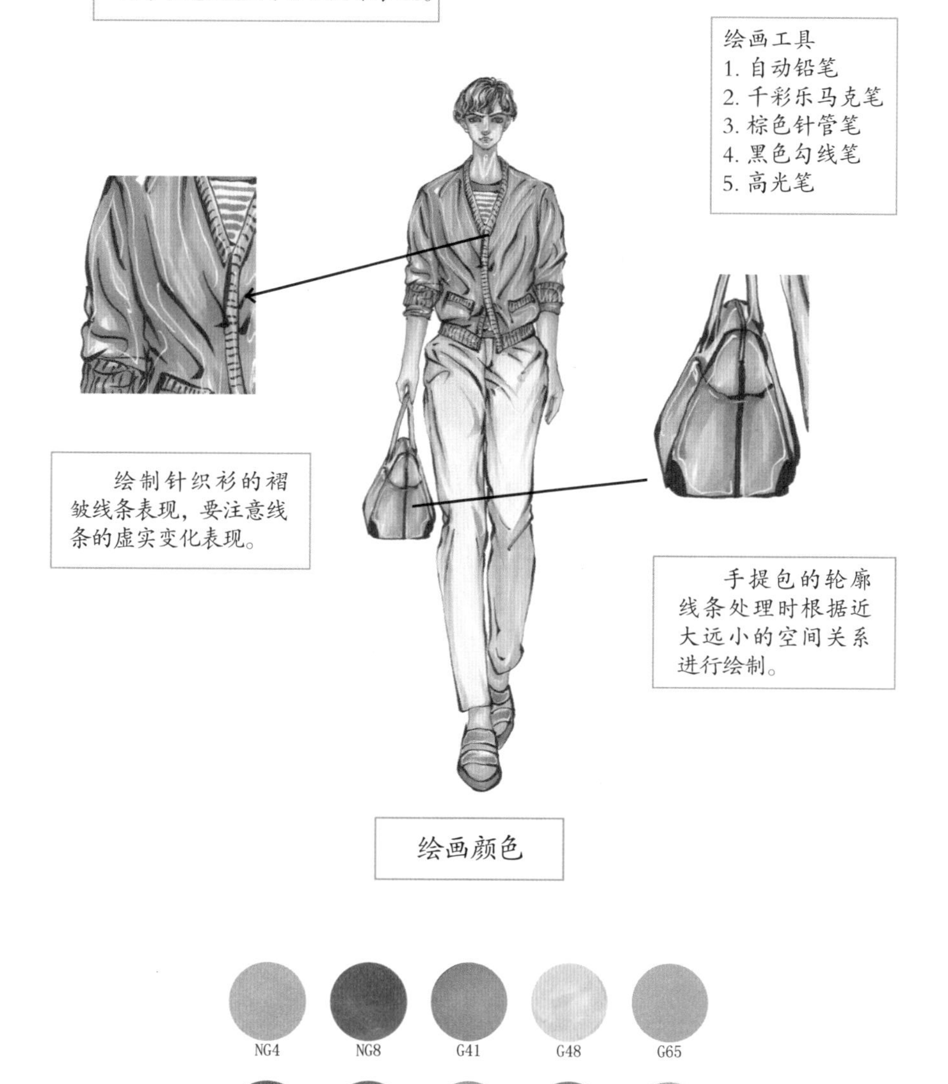

绘画颜色

NG4 NG8 G41 G48 G65

G102 G121 G161 G177 G183

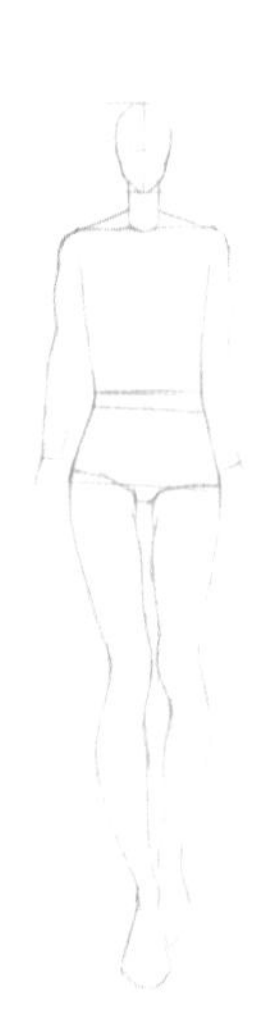

步骤一：用自动铅笔画出头部的轮廓，再画出人体的动态变化表现，注意腿部的前后关系。

步骤二：用自动铅笔画出面部五官以及头发的轮廓线条，再勾勒出针织衫、内搭、裤子、手提包和鞋子的轮廓线条变化。

提示：绘制头发的线稿时，注意头发的蓬松感的体现。

步骤三：先用棕色针管笔勾勒出面部五官的以及人体的轮廓线条，再用黑色勾线笔画出头发的线条，最后画出针织衫、内搭、裤子、手提包以及鞋子的轮廓线条表现。

步骤四：画出皮肤的颜色。用G48号色马克笔平铺皮肤的底色，再用65号色马克笔画出皮肤的暗部。

步骤五：绘制头发的颜色。先用G177号色马克笔勾勒出头发的暗面，再用G170号色马克笔画出头发的底色，高光位置留白处理。

步骤六：先用G183、G121号色马克笔画出内搭的固有色，再用G161号色和G41号色马克笔画出针织衫的明暗颜色处理。

步骤七：先用黑色勾线笔勾勒出针织衫的内部细节，再用NG4号色马克笔画出裤子的暗部颜色。

步骤八：画出配饰的颜色。用NG4号色马克笔画出手提包的底色，再用NG8号色马克笔加深手提包的暗面、画出鞋子的固有色。

步骤九：用G183号色和G65号色马克笔画出眼珠和嘴唇的颜色，再用高光笔勾勒出针织衫、手提包和鞋子的高光表现。

落肩袖连帽字母卫衣

这款男士卫衣运用连帽、落肩的造型元素设计，搭配字母图案和插袋的内部细节设计，再配上同色系的裤子，整体服装带来视觉上的运动气息。

绘制要点：
1. 卫衣的轮廓线条的绘制。
2. 鞋子的颜色和质感的表现。

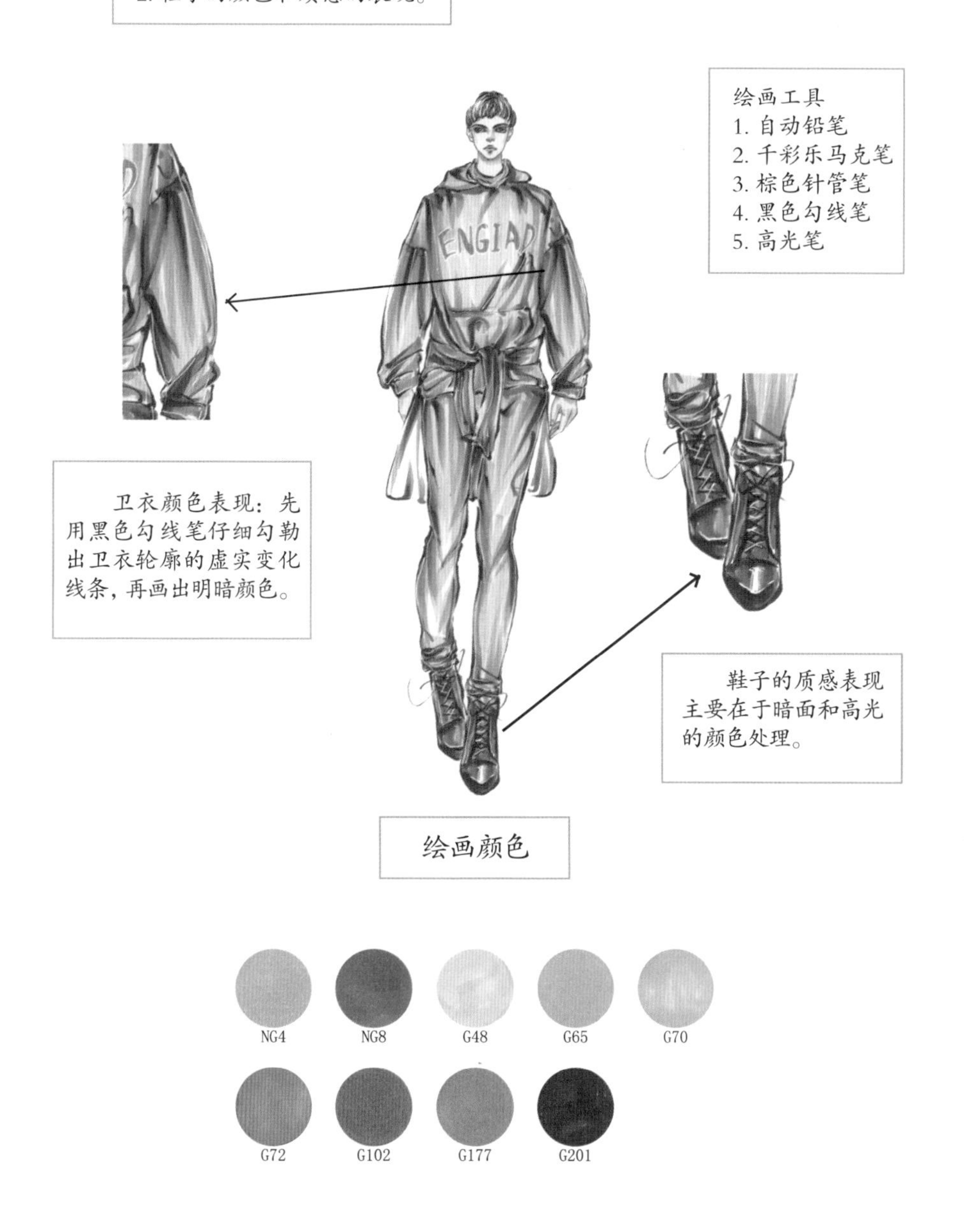

步骤一：用自动铅笔勾勒出头部的轮廓线条，再画出人体的动态表现，注意腿部的前后空间变化关系。

步骤二：用自动铅笔勾勒出面部五官以及头发的线条变化表现，再画出卫衣的轮廓线条以及内部细节，最后画出裤子和鞋子的轮廓线条表现。

提示：绘制裤腰位置的轮廓线条时，注意虚实变化表现。

步骤三：先用棕色针管笔画出面部五官以及人体的轮廓线条，再用黑色勾线笔勾勒出卫衣、裤子以及鞋子的轮廓线条，注意用笔的虚实变化。

步骤四：绘制皮肤的颜色。先用G65号色马克笔加深皮肤的暗面颜色，再用G48号色马克笔平铺皮肤的底色，最后用NG8号色和G65号色马克笔画出眼珠和嘴唇的颜色。

步骤五：画出头发的颜色。先用G177号色马克笔画出头发的底色，再用G102号色马克笔勾勒出头发的暗面颜色，注意用笔的转折变化。

步骤六：先用NG4号色马克笔平铺卫衣的底色，再用G72号色马克笔画出卫衣内部的字母图案。

步骤七：先用G70号色马克笔画出内搭领子的颜色，再用NG4号色马克笔平铺裤子的底色，最后用NG8号色马克笔加深卫衣的暗面颜色表现。

步骤八：用NG8号色马克笔加深裤子的暗面颜色，再用NG8号色马克笔画出鞋子的固有色。

步骤九：绘制出整体衣服和鞋子的高光。用高光笔刻画出卫衣和裤子的高光颜色，最后画出鞋子的高光。

翻边裤摆短裤

这款短裤采用中腰、插袋的造型设计，搭配简单的白衬衫，整体体现了一种舒适质感以及休闲趣味。

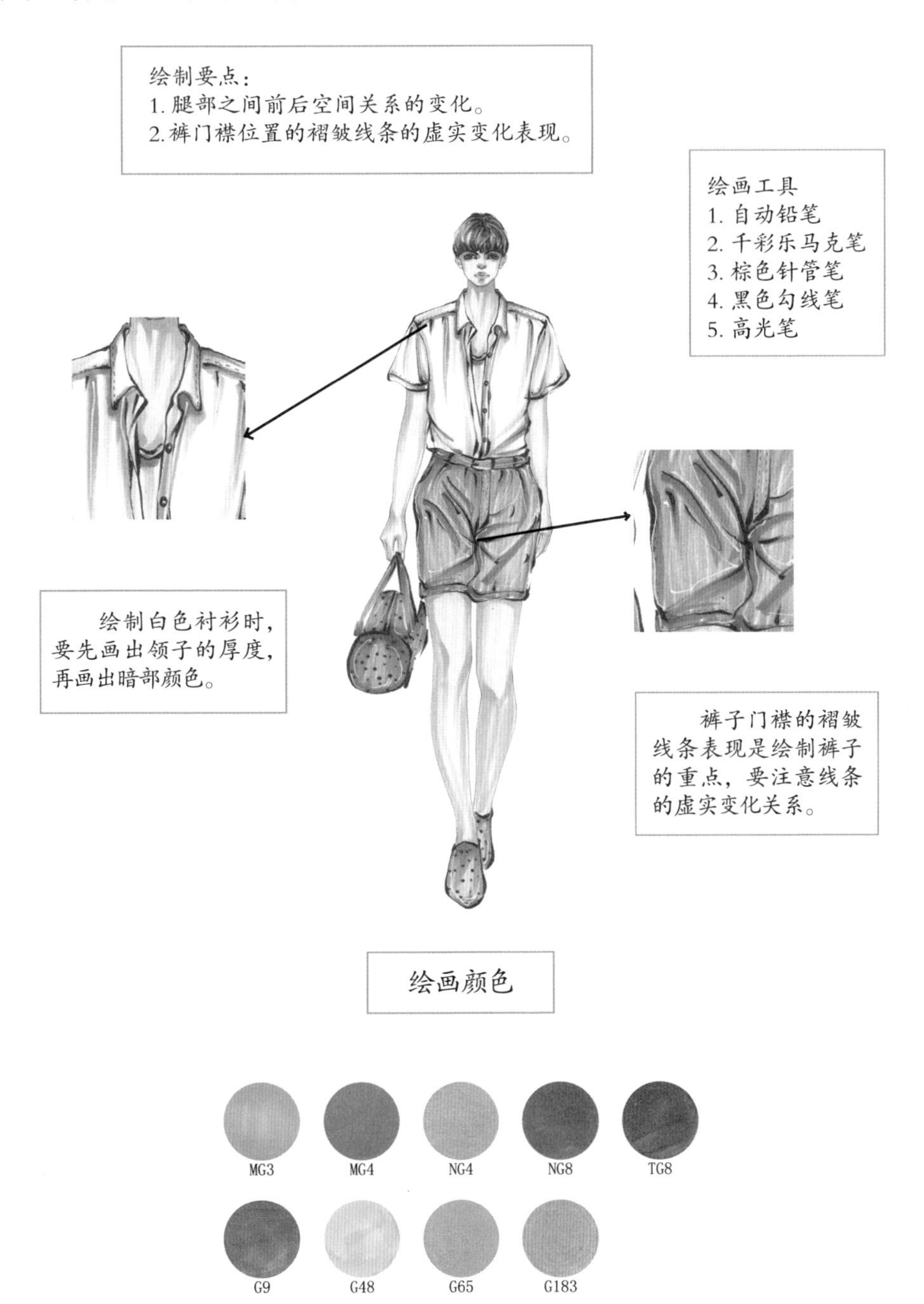

步骤一：用自动铅笔先绘制出头部的轮廓线条，再画出躯干的动态以及四肢的线条表现。

步骤二：用自动铅笔先勾勒出五官的轮廓线条以及头发的线条表现，再根据人体动态的变化画出整体服装的轮廓线条以及内部的细节线条。

提示：绘制衣领时注意与脖子之间的穿插关系。

步骤三：先用棕色针管笔画出五官的轮廓线条以及人体的轮廓线条，再用黑色勾线笔勾勒出头发的线条，最后画出整体服装的轮廓线条以及鞋子和手提包的线条表现。

步骤四：先用G183号色和G65号色马克笔画出眼珠以及嘴唇的颜色，再用G48号色和G65号色马克笔画出皮肤的明暗颜色表现。

步骤五：画出头发的颜色。先用TG8号色马克笔画出头发的暗面，再用MG4号色马克笔画出头发的固有色，最后用黑色勾线笔勾勒出几根头发的发丝表现。

步骤六：画出白色衬衫的颜色。用NG4号色马克笔画出内搭以及白色衬衫的暗部颜色，再次加深褶皱线的阴影。

步骤七：先用NG8号色马克笔画出腰带的固有色，再用G183号色马克笔画出短裤的底色，最后用G9号色马克笔加深短裤的暗部颜色。

步骤八：先用MG3号色马克笔和MG4号色马克笔画出手提包的明暗颜色，再用NG8号色马克笔画出鞋子的颜色。

步骤九：先用黑色勾线笔点缀手提包和鞋子的细节表现，再用高光笔画出短裤、手提包和鞋子的高光表现。

插袋长款牛仔裤

这款牛仔裤采用插袋、窄裤口的造型设计，搭配简单的翻领衬衫，既能展现服装的休闲感，也能体现男性的时尚气质。

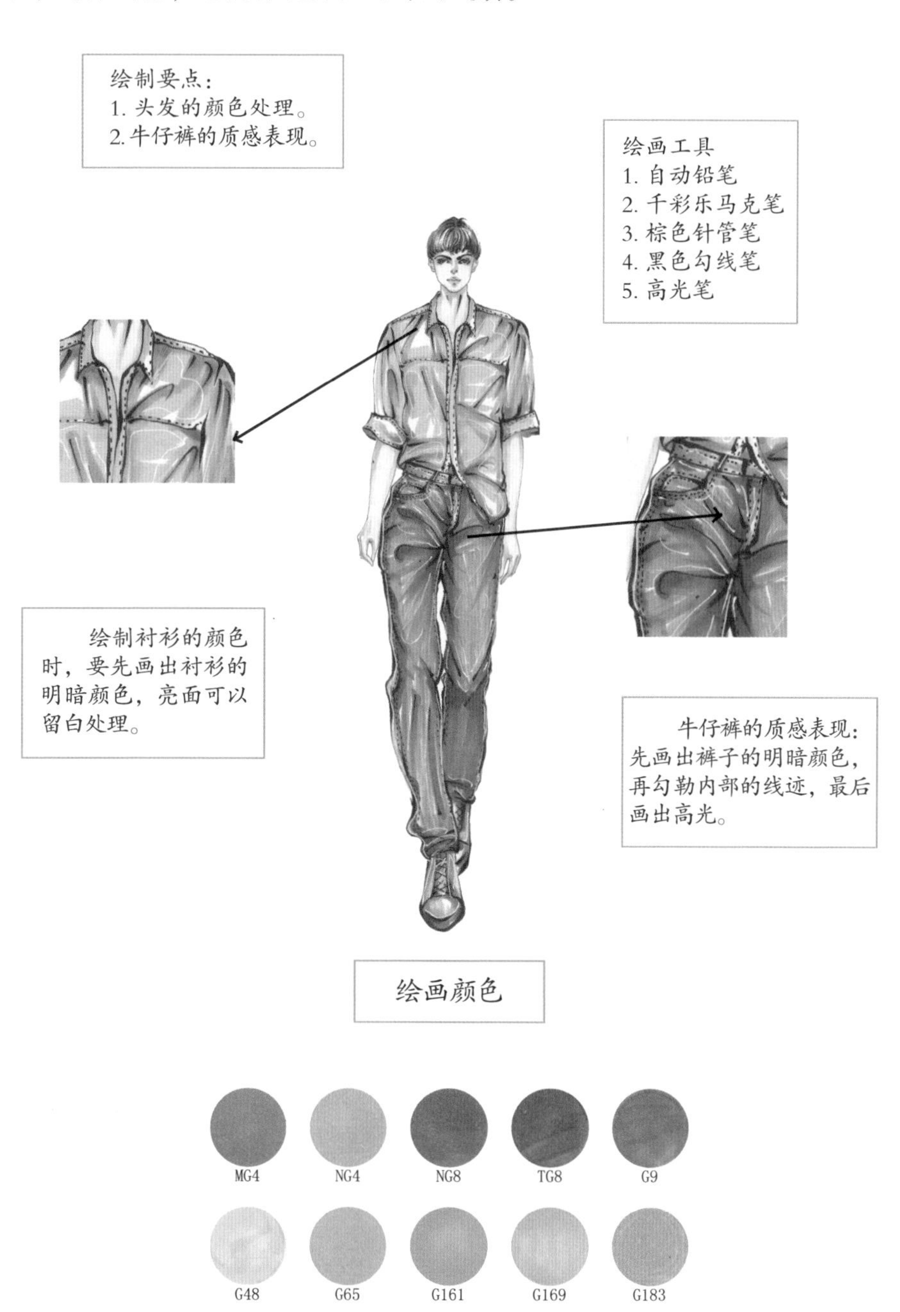

步骤一：用自动铅笔画出头部的轮廓线条，再画出人体的动态表现，注意腿部的前后空间变化表现。

步骤二：用自动铅笔勾勒出面部五官以及头发的轮廓线条，再根据动态的变化画出整体服装的轮廓线条以及鞋子的线条表现。

提示：绘制牛仔裤的门襟褶皱线条时，注意线条的虚实变化处理。

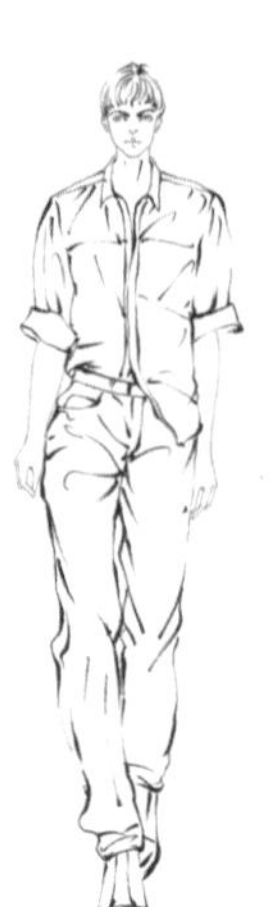

步骤三：先用棕色针管笔画出五官轮廓线条以及人体的轮廓线条表现，再用黑色勾线笔画出头发的线条以及整体服装的线条表现，最后画出鞋子的线条。

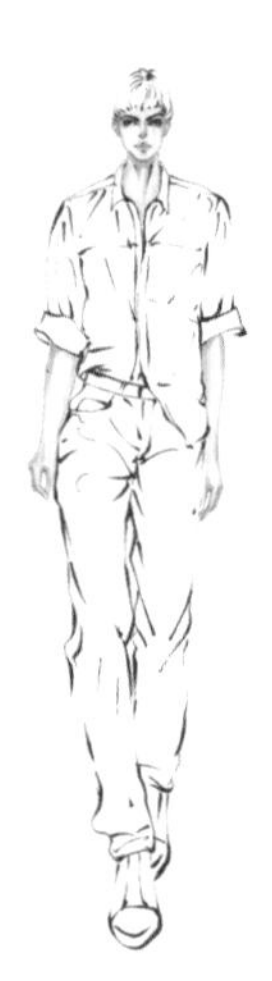

步骤四：画出皮肤的颜色。用G48号色马克笔平铺皮肤的底色，再用G65号色马克笔加深皮肤的暗部颜色，尤其是眼部以及鼻底的暗面，最后再用G183号色和G65号色马克笔画出眼珠和嘴唇的颜色。

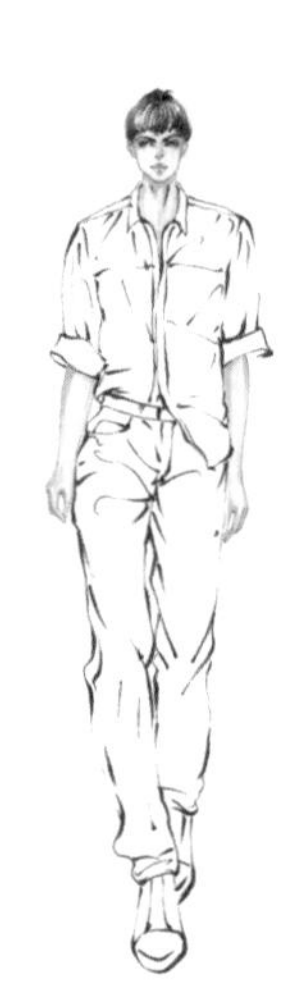

步骤五：画出头发的颜色表现。用MG4号色马克笔画出头发的底色，再用TG8号色马克笔画出头发的暗部颜色，注意用笔的变化表现，亮部直接留白。

步骤六：用G161号色马克笔加深衬衫的暗面，再用G9号色马克笔画出牛仔裤的暗部颜色。

步骤七：用G169号色马克笔平铺衬衫的底色，再用G183号色马克笔画出牛仔裤的固有色，丰富裤子的层次效果。

步骤八：用NG8号色马克笔画出鞋子的固有色，再用黑色勾线笔勾勒出衬衫的内部细节线条。

步骤九：先用黑色勾线笔画出牛仔裤内部的线迹表现，再用高光笔画出牛仔裤的高光位置以及鞋子的高光。

系带宽松休闲裤

这款休闲裤的设计非常简单，运用系扣、内部插袋、褶皱线的造型设计，再搭配休闲的针织上衣，展现了服装的舒适质感。

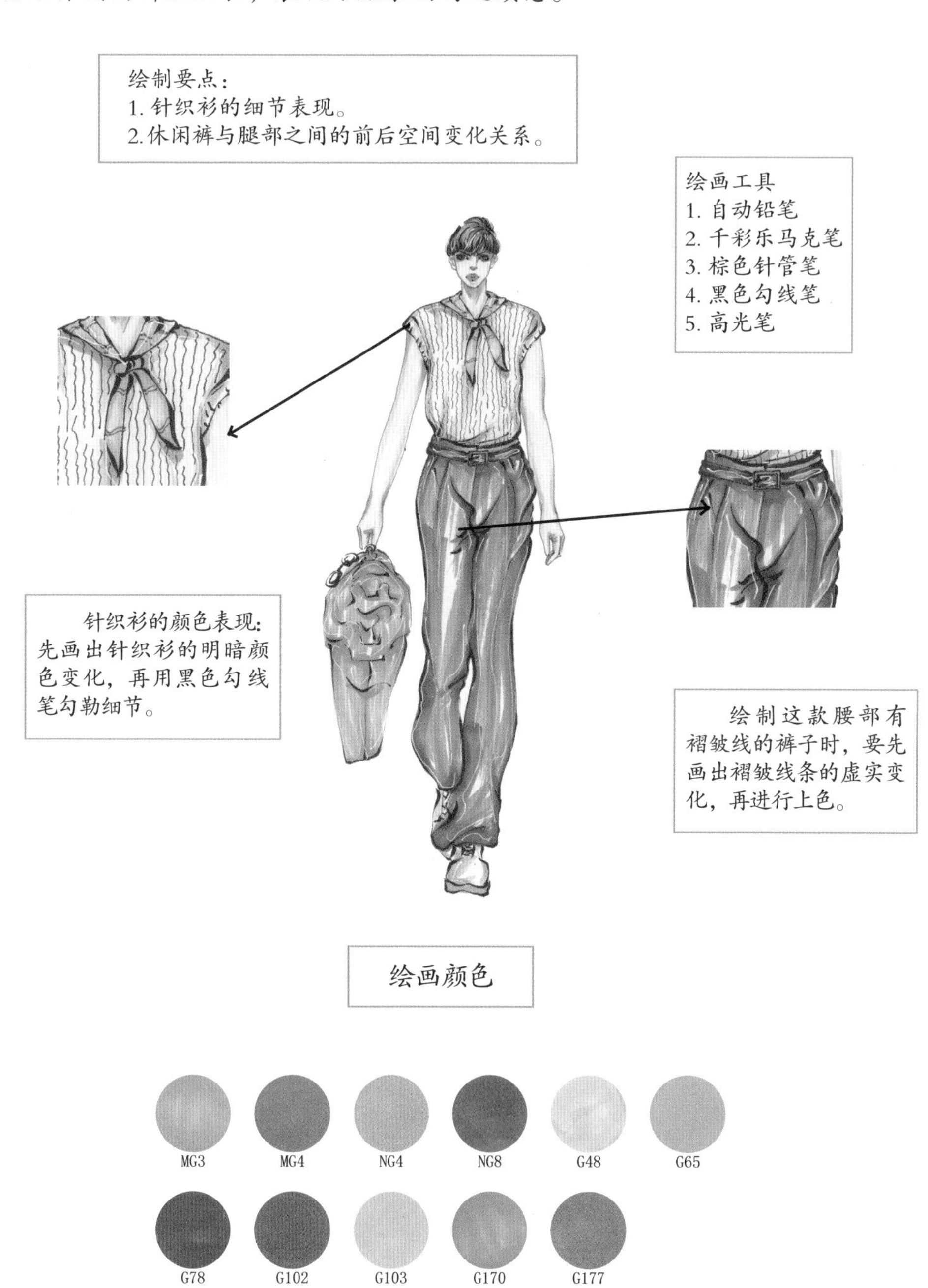

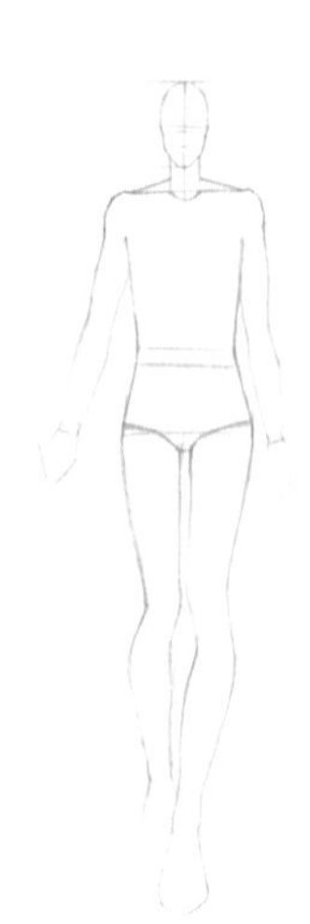

步骤一：用自动铅笔先画出头部的轮廓线条，再画出躯干的动态变化以及四肢的线条表现。

步骤二：用自动铅笔先勾勒出面部五官以及头发的线条表现，再画出整体衣服、手提包和鞋子的线条表现。

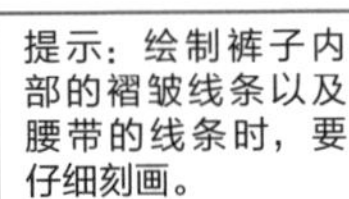
提示：绘制裤子内部的褶皱线条以及腰带的线条时，要仔细刻画。

步骤三：用棕色针管笔画出五官的轮廓线条和人体的轮廓线条表现，再用黑色勾线笔画出头发的轮廓线条以及整体服装的线条表现，最后画出手提包和鞋子的线条表现。

步骤四：画出皮肤的颜色。用G48号色马克笔画出皮肤的底色，再用G65号色马克笔加深皮肤的暗面颜色，注意强调眼部以及鼻底的暗面。

步骤五：先用G170号色马克笔平铺头发的底色，再用G102号色马克笔加深头发的暗部，头发的高光采用留白的方式处理。

步骤六：先用G103号色马克笔画出领巾的颜色，再用NG4号色马克笔画出上衣的暗面，最后用黑色勾线笔勾勒出针织上衣的质感表现。

步骤七：先用MG3号色马克笔平铺休闲裤的底色，亮面直接留白处理，再用MG4号色马克笔加强休闲裤的暗部颜色表现。

步骤八：先用G170号色和G177号色马克笔画出手提包的明暗颜色变化，再用NG4号色马克笔画出鞋子的固有色。

步骤九：先用NG8号色和G65号色马克笔画出眼珠和嘴唇的颜色，再用高光笔勾勒出裤子、手提包和鞋子的高光表现。

6.2 秋冬服装款式表现

秋冬季的男装款式颜色比较单一，没有过多的色彩进行渲染，多采用厚实温暖的面料，在款式设计上多为毛衣、外套、大衣等。

紫色V领插袋马甲

这款马甲属于搭配西装的三件套之一的内搭服装，简单的V领收腰设计，搭配简洁的白衬衫，整体服装带来一种商务时尚感。

绘制要点：
1. 马甲的轮廓线条以及色彩的绘制。
2. 裤腿的前后空间关系的处理。

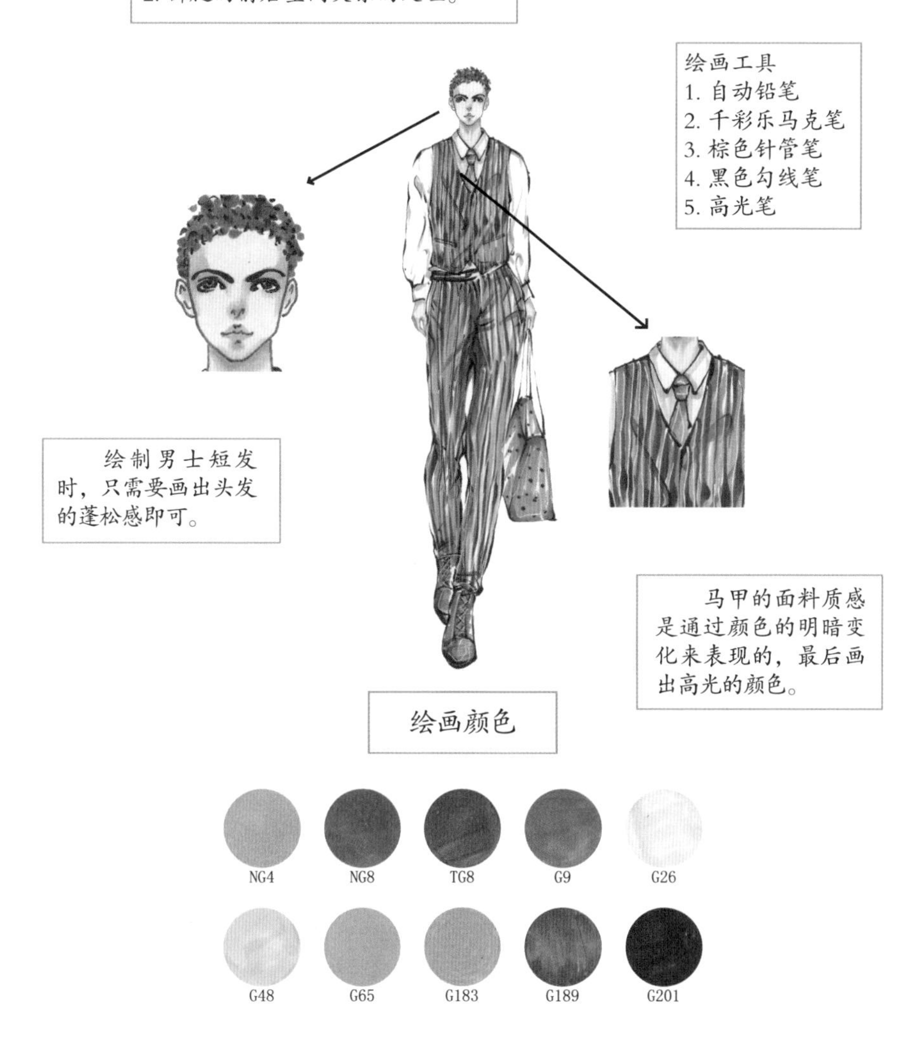

步骤一：先用自动铅笔画出头部的轮廓线条，再根据动态的变化，画出躯干的线条表现以及四肢的线条表现。

步骤二：用自动铅笔勾勒出面部五官的轮廓线条以及头发的线条表现，再画出整体服装、手提包和鞋子的线条表现。

提示：绘制马甲的轮廓线条时，注意刻画内部的细节表现。

步骤三：先用棕色针管笔画出五官的轮廓线条以及人体的轮廓线条，再用黑色勾线笔勾勒出头发的轮廓线条、整体服装的虚实线条变化以及鞋子的线条。

步骤四：画出皮肤的明暗颜色变化。用G48号色马克笔加深皮肤暗部颜色以及眼部的暗面，再用G26号色马克笔平铺皮肤的底色。

步骤五：画出头发的颜色变化。先用G189号色马克笔平铺头发的底色，再用TG8号色马克笔加深头发的暗部颜色，最后用NG8号色和G65号色马克笔画出眼珠和嘴唇的颜色。

步骤六：先用NG4号色马克笔勾勒出衬衫的暗面、平铺马甲的底色，再用NG8号色马克笔勾勒出马甲的条纹颜色。

步骤七：先用NG4号色马克笔平铺裤子的底色，再用NG8号色马克笔画出领带的固有色以及裤子的条纹图案。

步骤八：用NG8号色马克笔画出鞋子的固有色，再用G183号色马克笔和G9号色马克笔画出手提包的明暗颜色表现。

步骤九：用G201号色马克笔加深鞋底的厚度，再画出手提包上的点缀形状，最后用高光笔画出马甲、裤子、手提包和鞋子的高光表现。

圆领长袖毛衣

这款毛衣采用圆领、长袖的简单造型设计，运用亮色的面料搭配简洁的长裤，展现了秋冬季节温暖的气息。

绘制要点：
1. 毛衣的面料质感表现。
2. 注意腿部的前后关系与裤腿的轮廓线条绘制。

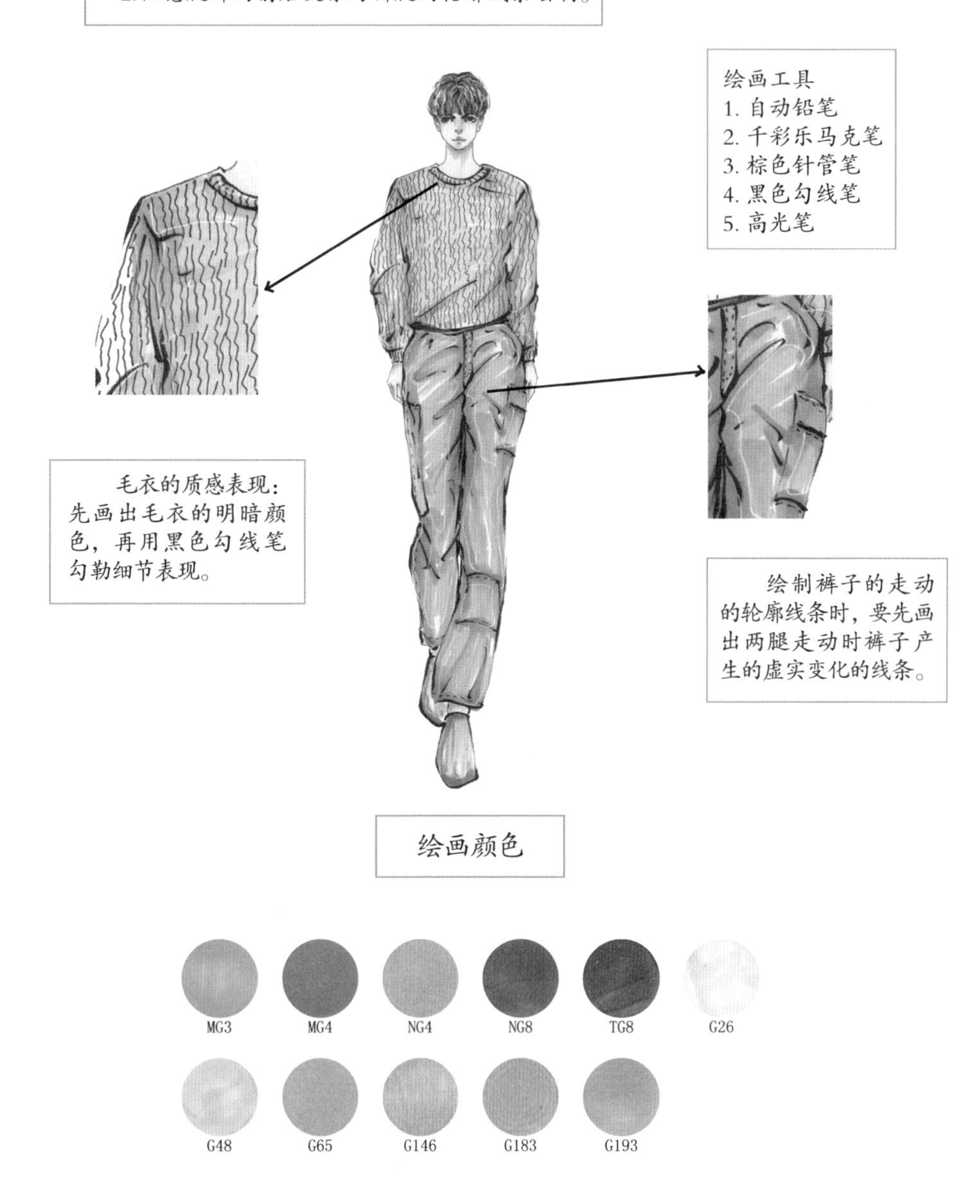

步骤一：用自动铅笔先画出头部的轮廓形状，再画出躯干的动态表现以及四肢的线条表现。

步骤二：用自动铅笔先勾勒出面部五官的线条以及头发的线条表现，再画出整体服装的外轮廓线条以及内部的褶皱线，最后画出鞋子的线条。

提示：绘制裤子内部的线条时，要注意褶皱的虚实变化表现。

步骤三：先用棕色针管笔画出面部五官以及人体的轮廓线条，再用黑色勾线笔画出头发的线条，最后画出整体服装的虚实变化线条。

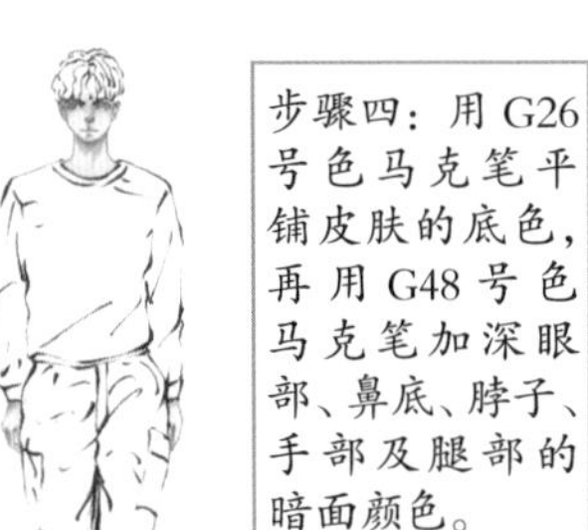

步骤四：用G26号色马克笔平铺皮肤的底色，再用G48号色马克笔加深眼部、鼻底、脖子、手部及腿部的暗面颜色。

步骤五：画出头发的明暗颜色变化。先用MG4号色马克笔平铺头发的底色，亮部留白处理，再用TG8号色马克笔加深头发的暗面。

步骤六：用G146号色马克笔平铺上衣的底色，再用G193号色马克笔加深褶皱线位置的阴影颜色。

步骤七：用MG3号色马克笔平铺裤子的底色，再用MG4号色马克笔加深裤子的暗部颜色表现。

步骤八：用黑色勾线笔勾勒出毛衣内部的细节线条表现，再画出裤子内部的线迹。

步骤九：用NG4号色马克笔画出鞋子的固有色，再用高光笔勾勒出头发的高光、裤子的高光表现以及鞋子的高光。

插袋长款西裤

这款西裤的设计采用中腰、插袋以及窄裤口的造型设计，运用明亮的颜色设计，再搭配无袖毛衣，整体的服装在视觉上给人带来温暖的气息表现。

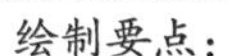

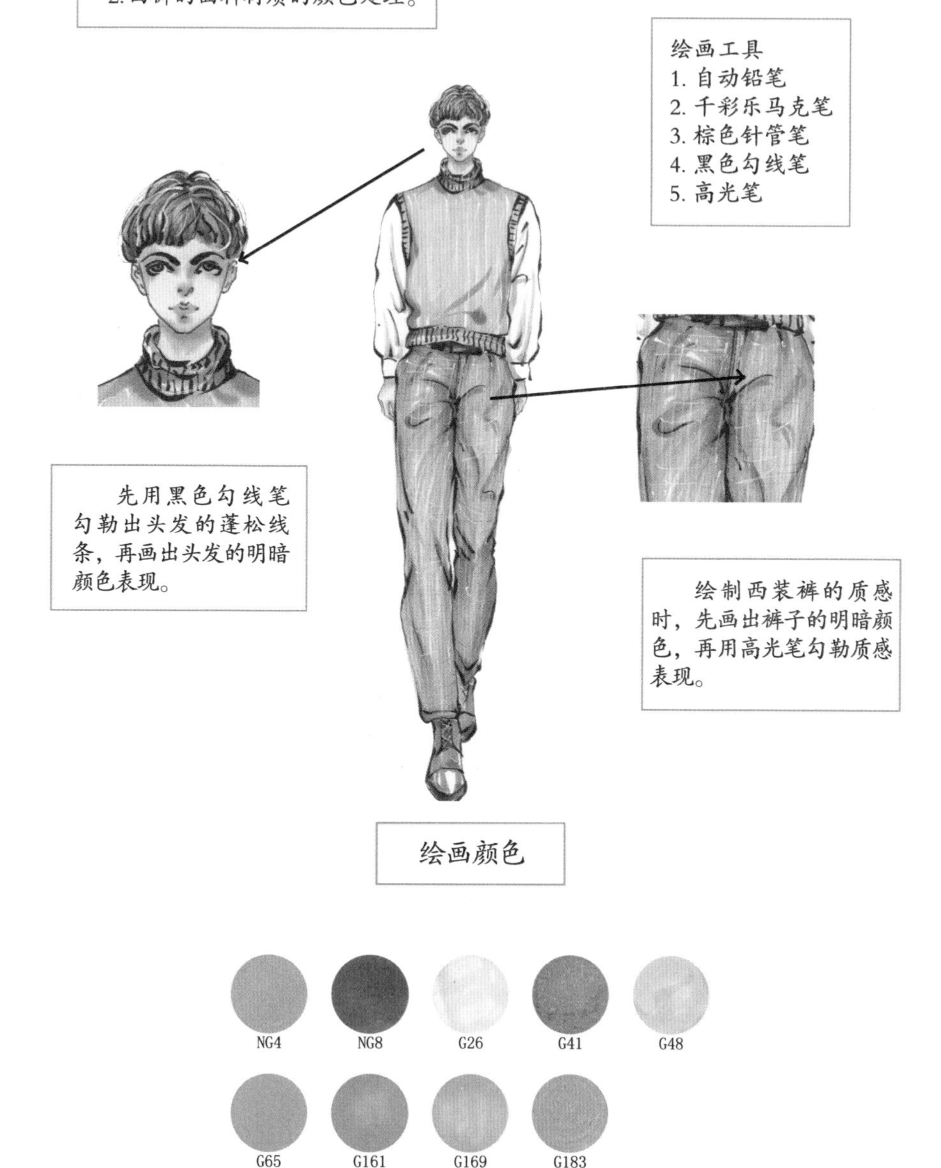

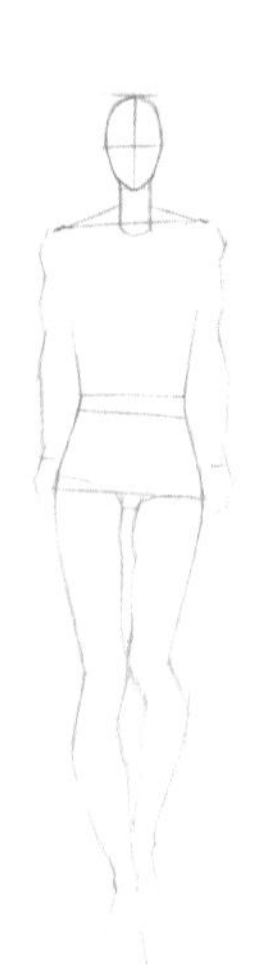

步骤一：用自动铅笔先画出头部的轮廓线条，再画出躯干的动态表现以及四肢的线条表现。

步骤二：用自动铅笔先勾勒出五官和头发的线条表现，再绘制出整体服装的外轮廓线条以及内部的褶皱线，最后画出鞋子的线条表现。

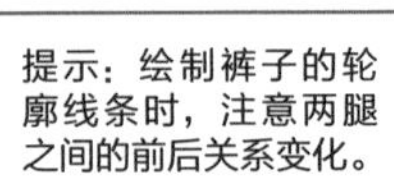

提示：绘制裤子的轮廓线条时，注意两腿之间的前后关系变化。

步骤三：先用棕色针管笔画出五官的轮廓线条以及人体的外轮廓线条表现，再用黑色勾线笔勾勒出头发的线条以及整体服装的虚实线条表现，最后画出鞋子的线条表现。

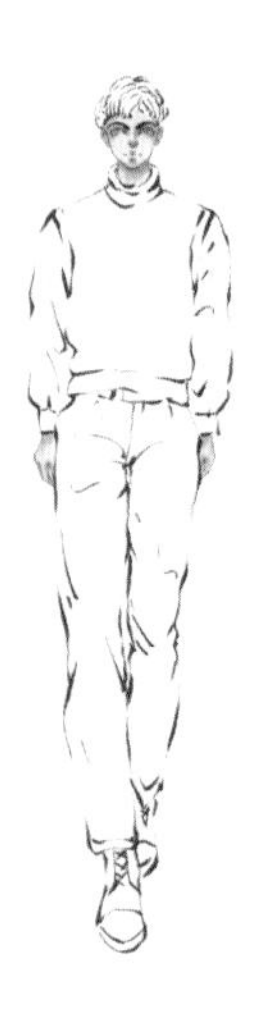

步骤四：画出皮肤的颜色。先用268号色马克笔平铺皮肤的底色，再用G48号色马克笔画出眼部、鼻底、脖子、手臂以及腿部的暗面颜色。

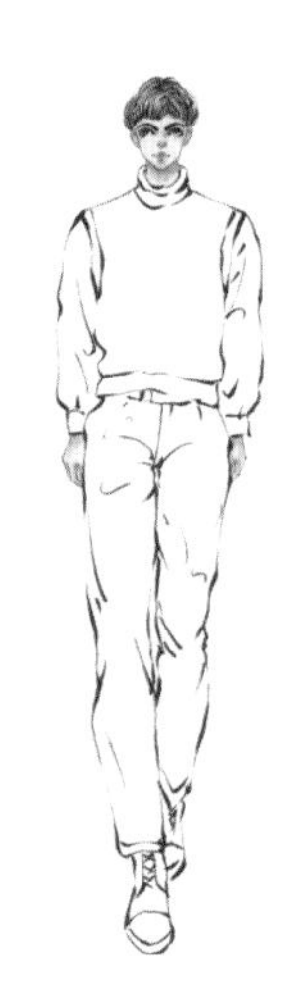

步骤五：绘制头发的颜色。先用NG4号色马克笔画出头发的底色，再用NG8号色马克笔加深头发的暗部颜色，最后用G183号色和G65号色马克笔画出眼珠和嘴唇的颜色。

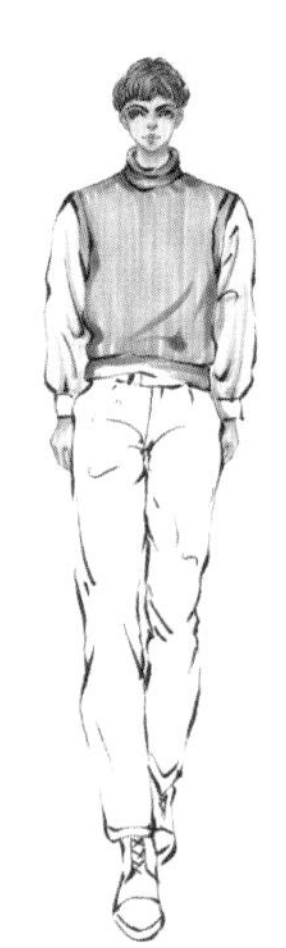

步骤六：先用NG4号色马克笔勾勒出内搭的暗部，再平铺毛衣的底色，最后用NG8号色马克笔加深毛衣的暗面。

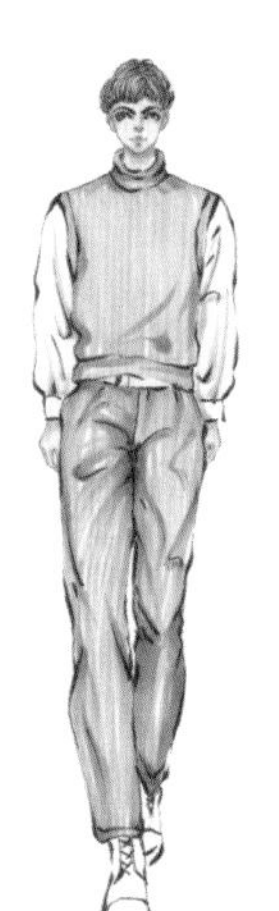

步骤七：先用G161号色马克笔平铺裤子的底色，再用G41号色马克笔加深裤子的暗面颜色。

步骤八：先用G169号色马克笔勾勒出裤子内部的细节表现，再用黑色勾线笔画出毛衣的内部线条。

步骤九：先用NG4号色和NG8号色马克笔画出鞋子的明暗颜色表现，再用高光笔勾勒出裤子和鞋子的高光表现。

贴袋短款工装裤

这款工装裤采用贴袋、短款的造型设计，搭配翻领外套的造型，整体服装展现了男性的休闲气质。

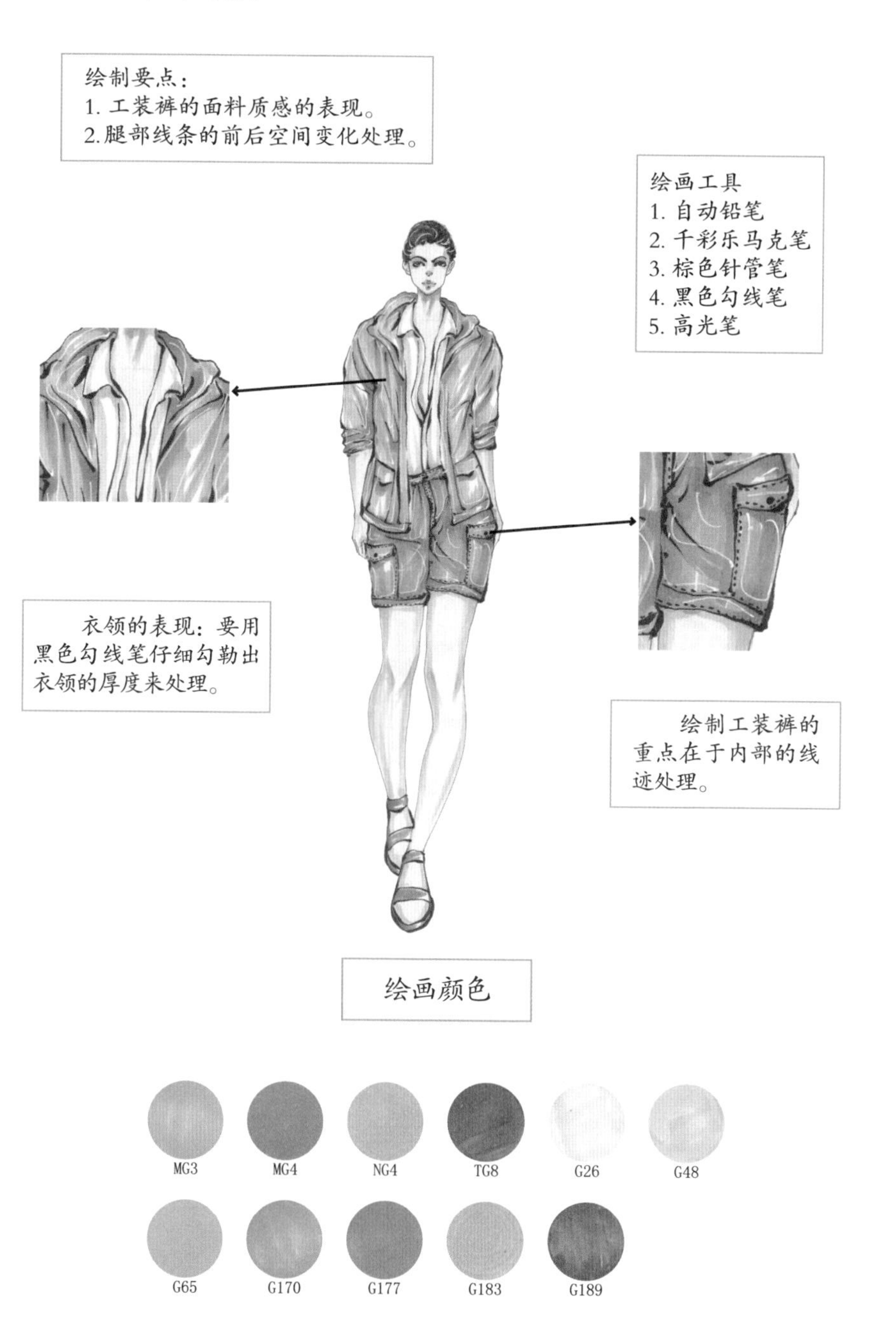

步骤一：用自动铅笔画出头部的外轮廓线条，再画出人体的躯干线条以及四肢的线条表现。

步骤二：用自动铅笔细致刻画面部五官线条以及头发的线条表现，再画出整体服装的外轮廓线条以及内部褶皱线条，最后画出鞋子的轮廓。

提示：绘制裤子的轮廓线条时，要刻画内部的细节表现。

步骤三：先用棕色针管笔画出五官的轮廓线条以及人体的轮廓线条，再用黑色勾线笔勾勒出整体服装的虚实变化线条以及鞋子的轮廓线条表现。

步骤四：用 G48 号色马克笔加深眼部、鼻底、脖子、手部以及腿部的暗部颜色，再用 G26 号色马克笔画出皮肤的底色。

步骤五：绘制头发的颜色。先用 G189 号色马克笔平铺头发的底色，再用 TG8 号色马克笔加深头发的暗部颜色，注意用笔的转折表现，最后用 G183 号色和 G65 号色马克笔画出眼珠和嘴唇的颜色。

步骤六：先用 NG4 号色马克笔画出内搭的暗面颜色，再用 MG3 号色和 MG4 号色马克笔画出外套的明暗颜色变化。

步骤七：先用 G170 号色马克笔平铺裤子的底色，再用 G177 号色马克笔加深裤子的暗部颜色表现。

步骤八：先用 G177 号色再一次加深裤子的暗面，再用黑色勾线笔画出裤子的内部线迹表现。

步骤九：先用 NG4 号色马克笔画出鞋子的固有色，再用高光笔画出头发、外套、裤子和鞋子的高光表现。

落肩翻领口袋牛仔外套

这款牛仔外套运用翻领、落肩、贴袋的造型元素设计，搭配休闲系列的内搭，整体服装非常展现男性的时尚感。

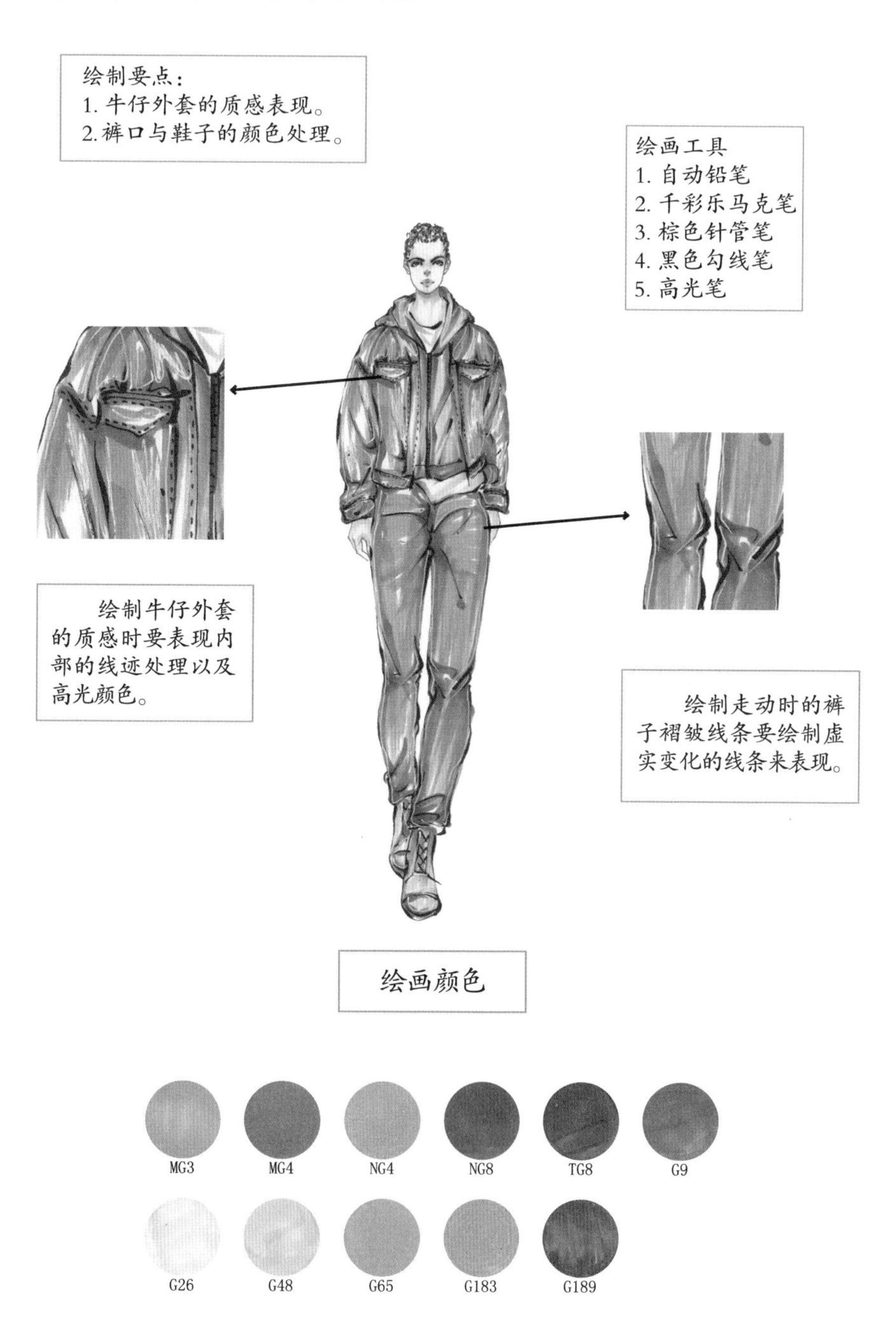

步骤一：用自动铅笔勾勒出头部的轮廓线条，再画出人体的躯干动态变化，最后画出四肢的线条表现。

步骤二：用自动铅笔细致刻画面部五官的轮廓线条以及头发的线条表现，再画出整体服装的轮廓线条以及鞋子的线条表现。

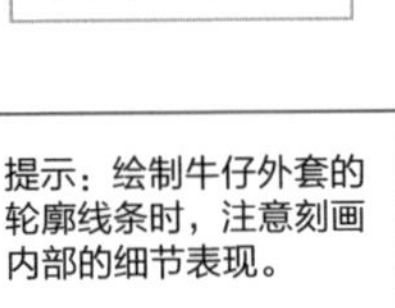

提示：绘制牛仔外套的轮廓线条时，注意刻画内部的细节表现。

步骤三：先用棕色针管笔画出面部五官以及人体的轮廓线条表现，再用黑色勾线笔画出头发的线条表现以及整体服装的线条表现，最后勾勒鞋子的线条。

步骤四：先用G26号色马克笔画出皮肤的底色，再用G48号色马克笔加深眼部、鼻底、脖子、手臂的暗面颜色。

步骤五：画出头发的颜色。用G189号色马克笔平铺头发的底色，再用TG8号色马克笔加深头发的暗部颜色，最后用G183号色和G65号色马克笔画出眼珠和嘴唇的颜色。

步骤六：用NG4号色马克笔平铺内搭的底色，再用NG8号色马克笔加深内搭的暗面颜色。

步骤七：先用G183号色和G9号色马克笔画出牛仔外套的明暗颜色表现，亮面直接留白，注意用笔的转折变化。

步骤八：用MG3号色和MG4号色马克笔画出裤子的明暗颜色表现。

步骤九：用NG4号色马克笔画出鞋子的固有色，再用黑色勾线笔勾勒出牛仔外套内部的线迹，最后用高光笔勾勒出外套、裤子和鞋子的高光颜色。

蓝色连帽夹克

这款夹克的设计非常简洁，运用单一的面料材质设计，搭配连帽、贴袋的造型设计，非常展现男性的成熟气质。

绘制要点：
1. 面部妆容以及头发的颜色处理。
2. 夹克外套的质感表现。

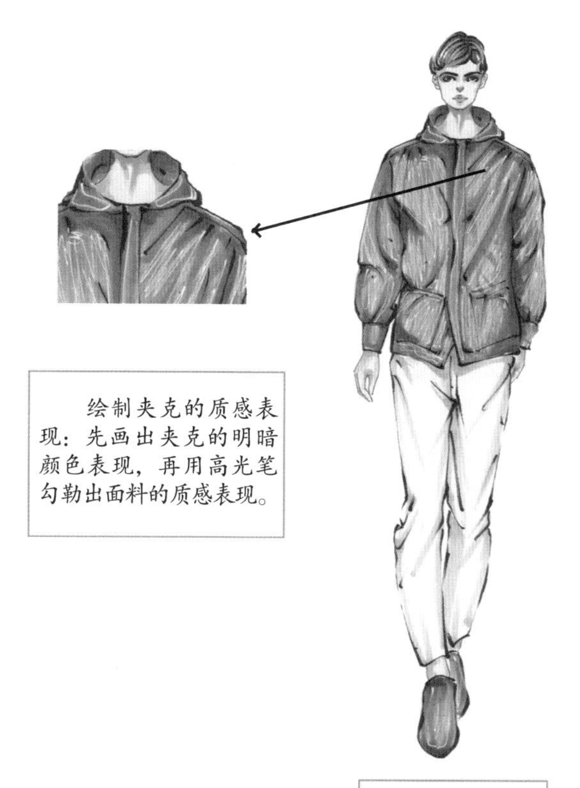

绘画工具
1. 自动铅笔
2. 千彩乐马克笔
3. 棕色针管笔
4. 黑色勾线笔
5. 高光笔

绘制夹克的质感表现：先画出夹克的明暗颜色表现，再用高光笔勾勒出面料的质感表现。

绘画颜色

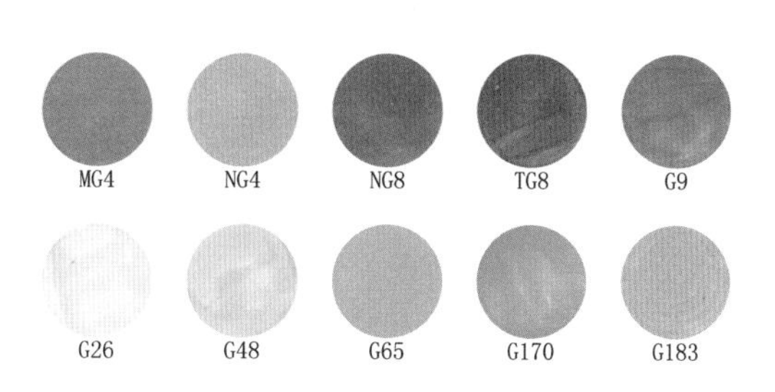

步骤一：用自动铅笔先画出头部的轮廓线条，再画出人体的动态表现，注意腿部的前后空间变化表现。

步骤二：先用自动铅笔勾勒出面部五官以及头发的轮廓线条表现，再画出整体服装的外轮廓线条以及内部的褶皱线条处理。

提示：绘制夹克外套线条时要注意虚实变化。

步骤三：用棕色针管笔勾勒出面部五官的轮廓以及人体的外轮廓线条，再用黑色勾线笔画出头发的体积感，最后画出整体服装的虚实变化线条以及鞋子的线条表现。

步骤四：绘制皮肤的颜色。先用G26号色马克笔平铺皮肤的底色，再用G48号色马克笔加强眼部、鼻底、脖子、手部以及腿部的暗面颜色。

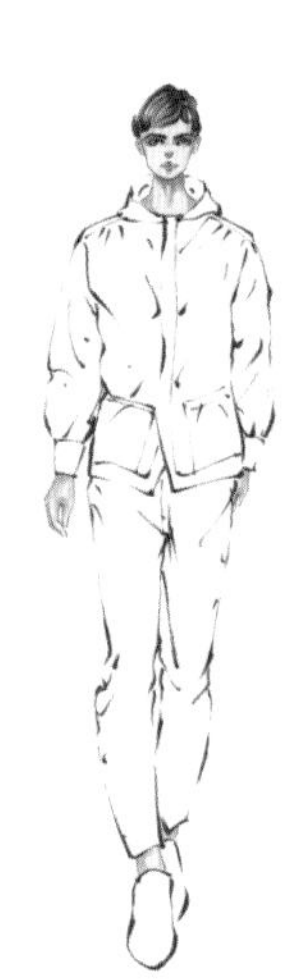

步骤五：画出头发的明暗颜色变化。用MG3号色和TG8号色马克笔画出头发的明暗颜色处理，注意表现头发的体积感，最后用G170号色、G183号色和G65号色马克笔画出眼影、眼珠和嘴唇的颜色。

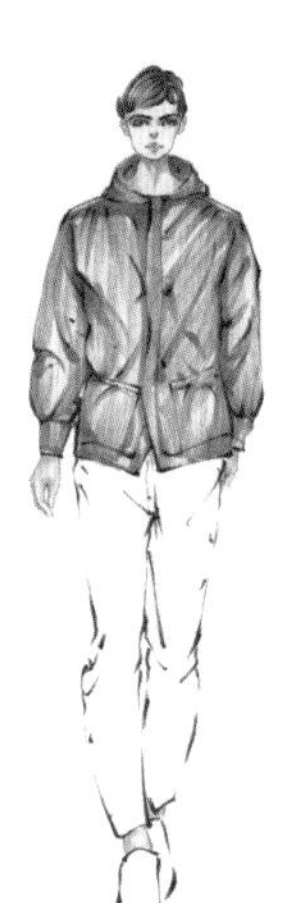

步骤六：用G183号色马克笔平铺夹克的底色，再用G9号色马克笔加深夹克褶皱线位置的阴影颜色。

步骤七：用G9号色马克笔再一次加深夹克的暗面，再用NG4号色马克笔画出裤子的暗部颜色。

步骤八：用NG8号色马克笔画出鞋子的固有色，再用高光笔勾勒出夹克的高光颜色以及鞋子的高光。

翻驳领条纹西装外套

这款西装外套采用戗驳领设计，搭配方巾袋、贴袋的造型设计，展现了男性的成熟感。

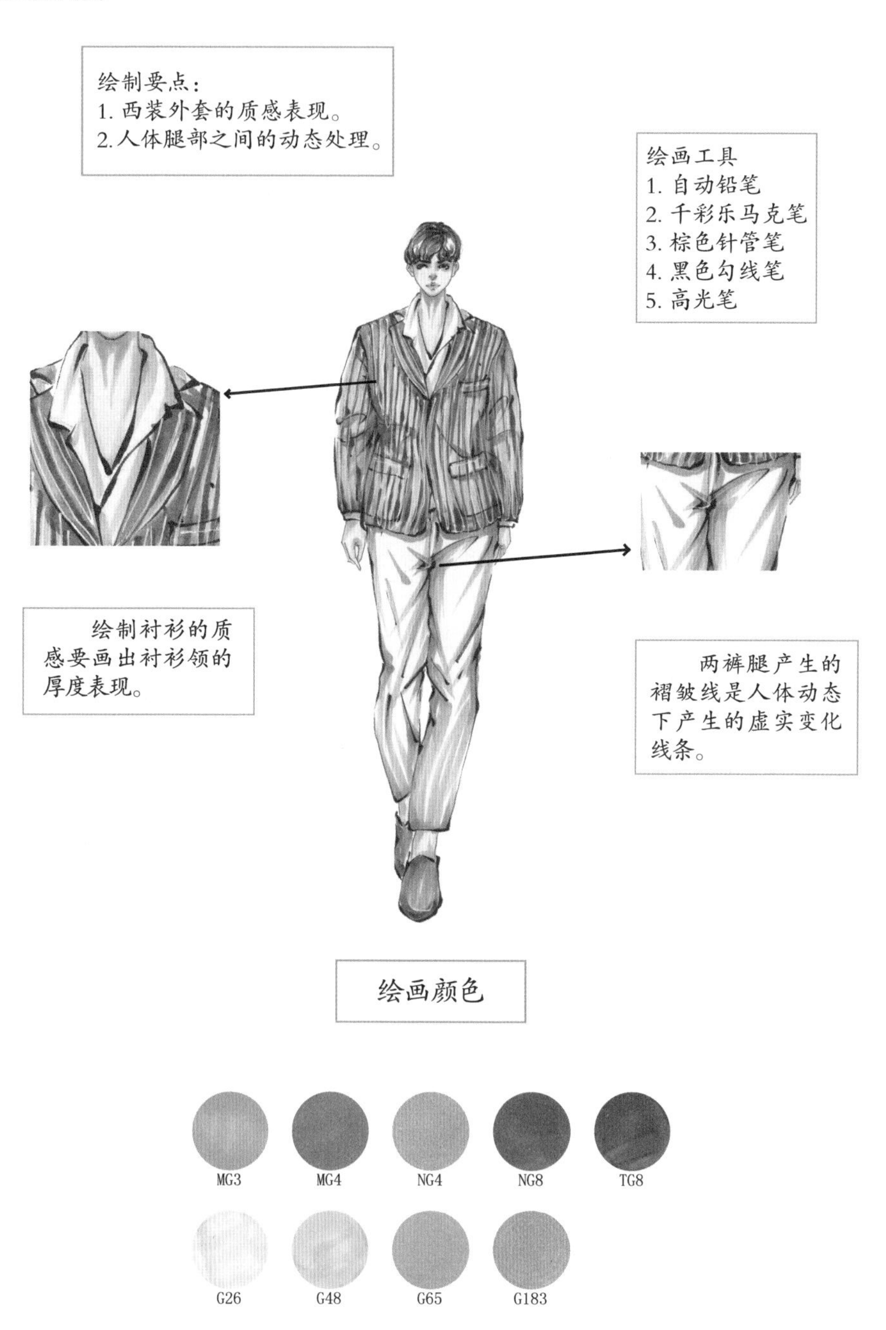

步骤一：用自动铅笔画出头部的轮廓线条，再画出人体的动态线条表现，注意腿部的前后空间变化处理。

步骤二：用自动铅笔细致刻画面部五官的线条以及头发的线条表现，再画出整体服装的虚实变化线条表现以及鞋子的轮廓。

提示：绘制西装外套轮廓时，要仔细刻画戗驳领的线条。

步骤三：用棕色针管笔画出面部五官以及人体外轮廓线条的表现，再用黑色勾线笔勾勒出头发的线条，最后画出整体服装的虚实变化线条以及鞋子的轮廓线。

步骤四：用 G26 号色马克笔平铺皮肤的底色，再用 G48 号色马克笔加深眼部、鼻底、脖子、手的暗部颜色。

步骤五：画出头发的颜色表现。先用 MG4 号色马克笔平铺头发的底色，再用 TG8 号色马克笔加深头发的暗面颜色，最后用 G183 号色和 G65 号色马克笔画出眼珠和嘴唇的固有色。

步骤六：用 NG4 号色马克笔画出衣领的暗面，再用 NG8 号色马克笔勾勒出西装的条纹表现。

步骤七：用 NG4 号色马克笔平铺西装的底色，注意用笔的转折根据服装的轮廓线条表现。

步骤八：用 MG3 号色马克笔勾勒出裤子的暗部颜色，再一次强调裤腿的暗面。

步骤九：用 NG8 号色马克笔画出鞋子的固有色，再用高光笔勾勒出外套的高光以及鞋子的高光表现。

毛领拼接毛呢大衣

这款毛呢大衣采用毛领、侧搭的造型设计，面料色彩比较单一，搭配一款长裤，整体服装展现了冬季的温暖气息。

绘制要点：
1. 头发的轮廓线条和颜色的处理。
2. 毛呢大衣的质感表现。

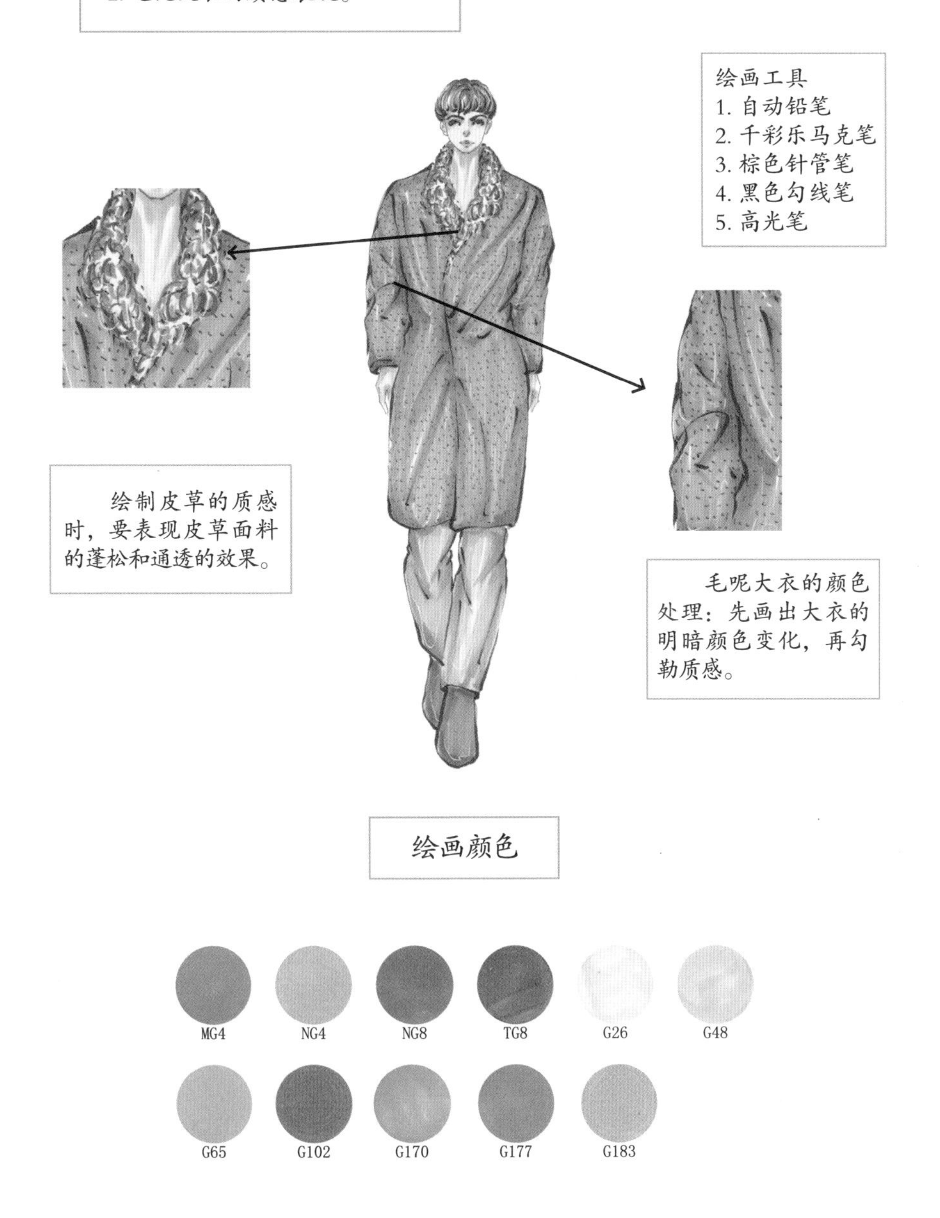

步骤一：用自动铅笔画出头部的轮廓线条，再画出人体的躯干动态变化以及四肢的线条。

步骤二：用自动铅笔勾勒出面部五官以及头发的轮廓线条，再画出服装的整体轮廓线条表现。

提示：注意人体走动时毛呢大衣的轮廓变化处理。

步骤三：先用棕色针管笔勾勒出面部五官以及人体的轮廓线条，再用黑色勾线笔画出整体服装的虚实变化线条以及鞋子的线条处理。

步骤四：先用G26号色马克笔画出皮肤的底色，再用G48号色马克笔加深眼部、鼻底、脖子的暗部颜色。

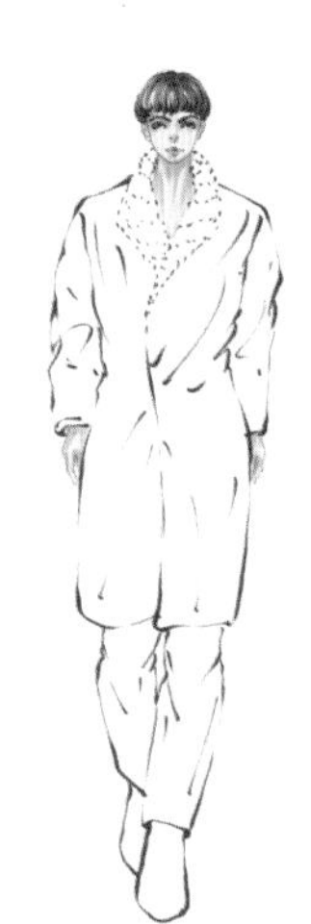

步骤五：画出头发的颜色表现。先用MG4号色马克笔平铺头发的底色，再用TG8号色马克笔加深头发的暗部，最后用G183号色和G65号色马克笔画出眼珠和嘴唇的颜色。

步骤六：先用NG4号色马克笔画出毛领的底色，再用NG8号色马克笔勾勒出毛领的暗面。

步骤七：先用G170号色和G177号色马克笔画出毛呢外套的明暗颜色表现，再用G102号色马克笔点缀毛呢大衣的细节表现。

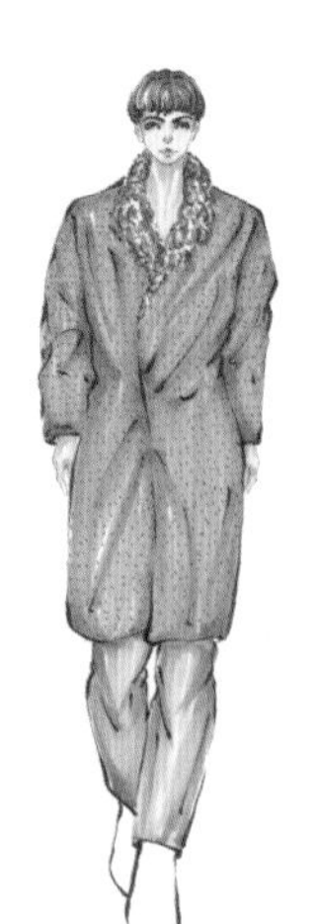

步骤八：先用NG4号色马克笔平铺裤子的底色，再用NG8号色马克笔加深裤子的暗面颜色。

步骤九：先用NG8号色马克笔画出鞋子的固有色，再用高光笔勾勒出毛呢大衣以及鞋子的高光表现。

立领两件套羽绒服

这款羽绒服采用长款、立领的造型设计，搭配亮丽的色彩，整体服装在视觉上面给人一种眼前一亮的感觉和温暖气息。

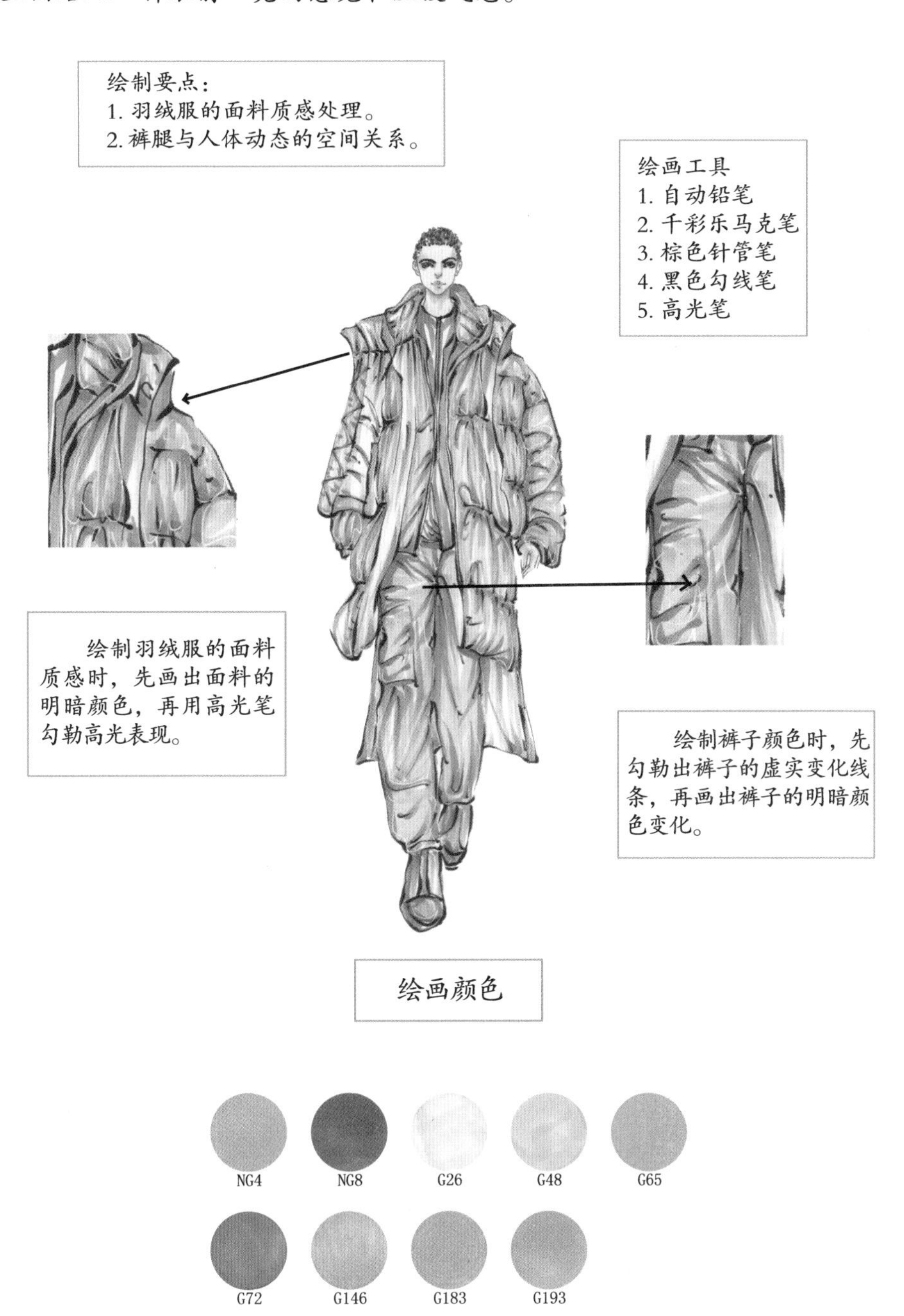

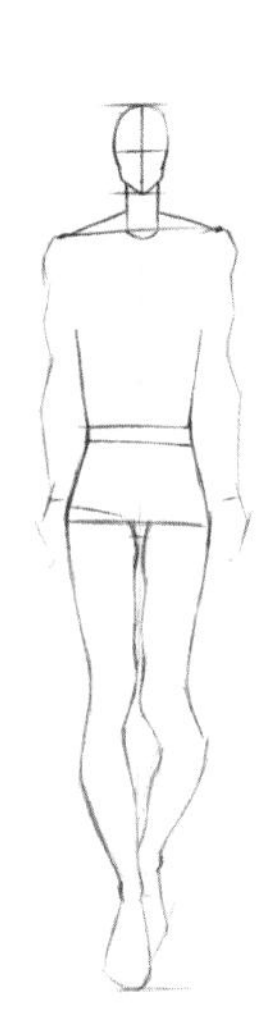

步骤一：用自动铅笔画出头部的外轮廓线条，再画出人体的动态表现以及四肢的线条处理。

步骤二：用自动铅笔勾勒出面部五官以及头发的线条表现，再画出羽绒服的外轮廓线条以及内部的细节，最后画出鞋子的线条表现。

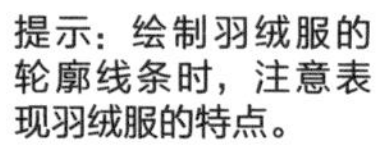

提示：绘制羽绒服的轮廓线条时，注意表现羽绒服的特点。

步骤三：用棕色针管笔勾勒出五官的轮廓线条以及人体的外轮廓线条，再用黑色勾线笔画出羽绒服的虚实变化线条以及头发和鞋子的轮廓线。

步骤四：画出皮肤的颜色。用G26号色马克笔平铺皮肤的底色，再用G48号色马克笔加深眼部、鼻底、脖子、手的暗部颜色。

步骤五：画出头发的颜色表现。用NG4号色马克笔平铺头发的底色，再用NG8号色马克笔加深头发的暗部，最后用G183号色和G65号色马克笔画出眼珠和嘴唇的颜色。

步骤六：先用NG4号色马克笔画出羽绒服的白色面料的暗部，再用G193号色马克笔勾勒羽绒服的底色。

步骤七：先用G146号色马克笔加深羽绒服的暗面颜色，增加层次效果，再用G72号色马克笔画出内搭服装的颜色。

步骤八：先用NG8号色马克笔加深裤子的暗部颜色，再用NG4号色马克笔平铺裤子的底色。

步骤九：先用NG4号色马克笔画出鞋子的固有色，再用高光笔画出羽绒服、裤子和鞋子的高光颜色。

第 7 章 童装款式

儿童服装简称童装，童装的面料更加舒适、保暖，颜色亮丽，童装款式也非常丰富，有外套、裤子、T 恤衫、毛衣、连衣裙等。

7.1 春夏服装款式表现

春夏季的儿童服装在款式设计上面更加丰富，运用大量明亮清爽的色彩搭配多种柔暖的面料材质进行设计。

短袖提花面料 T 恤

这款 T 恤采用翻领、短袖的造型设计，运用提花面料的材质搭配同色系的半裙，展现了童装的俏皮可爱。

绘制要点：
1. 面部妆容以及发型的颜色表现。
2. T 恤的面料质感处理。

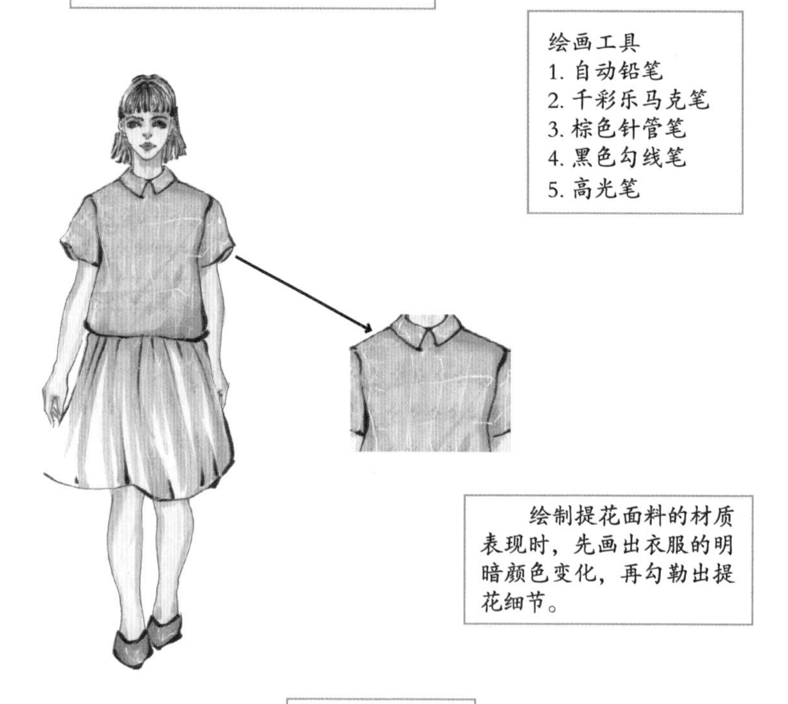

绘画颜色

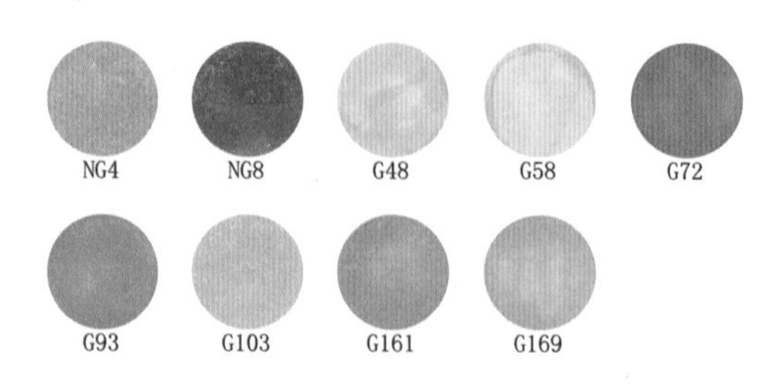

步骤一：用自动铅笔画出头部的外轮廓线条，再画出人体的动态表现以及四肢的线条处理。

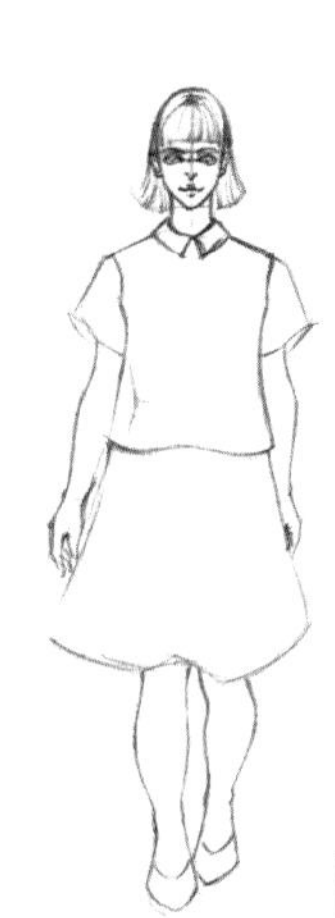

步骤二：用自动铅笔勾勒出面部五官以及头发的线条表现，再画出连衣裙的外轮廓线条以及内部的细节，最后画出鞋子的线条表现。

步骤三：用棕色针管笔勾勒出五官的轮廓线条以及人体的外轮廓线条，再用黑色勾线笔画出连衣裙的虚实变化线条以及头发和鞋子的轮廓线。

提示：绘制头发的线条时注意表现发丝的走向。

步骤四：画出皮肤的颜色。用 G48 号色马克笔平铺皮肤的底色，再用 G58 号色马克笔加深眼部、鼻底、脖子、手臂以及腿部的暗部颜色。

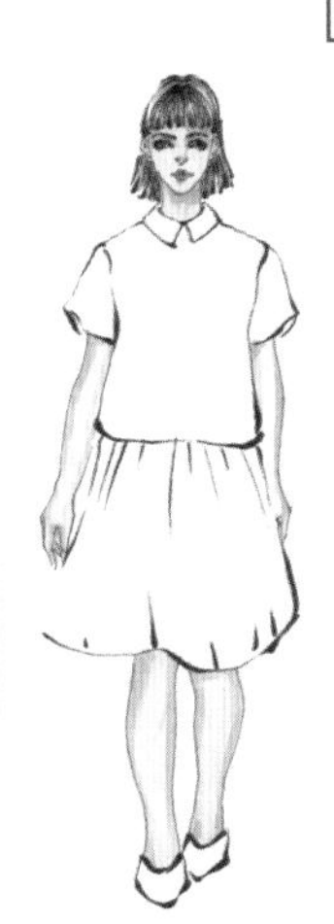

步骤五：画出头发的颜色表现。用 NG4 号色马克笔平铺头发的底色，再用 NG8 号色马克笔加深头发的暗部，最后用 NG8 号色和 G72 号色马克笔画出眼珠和嘴唇的颜色。

步骤六：用 G103 号色马克笔平铺 T 恤的底色。

步骤七：先用 G169 号色马克笔加深 T 恤的暗部，再一次用 G161 号色马克笔加深 T 恤的暗面，再用 NG4 号色马克笔画出面料的提花细节。

步骤八：先用 G169 号色和 G161 号色马克笔画出半裙的暗面，再用 NG4 号色马克笔勾勒出提花的细节。

步骤九：先用 G93 号色马克笔画出鞋子的固有色，再用高光笔勾勒出 T 恤、半裙和鞋子的高光。

圆领印花高腰连衣裙

这款连衣裙采用圆领、无袖高腰的造型设计，搭配花朵图案的面料材质，展现了儿童的青春靓丽气质。

绘制要点：
- 裙摆的线条与腿部之间的前后空间变化处理。

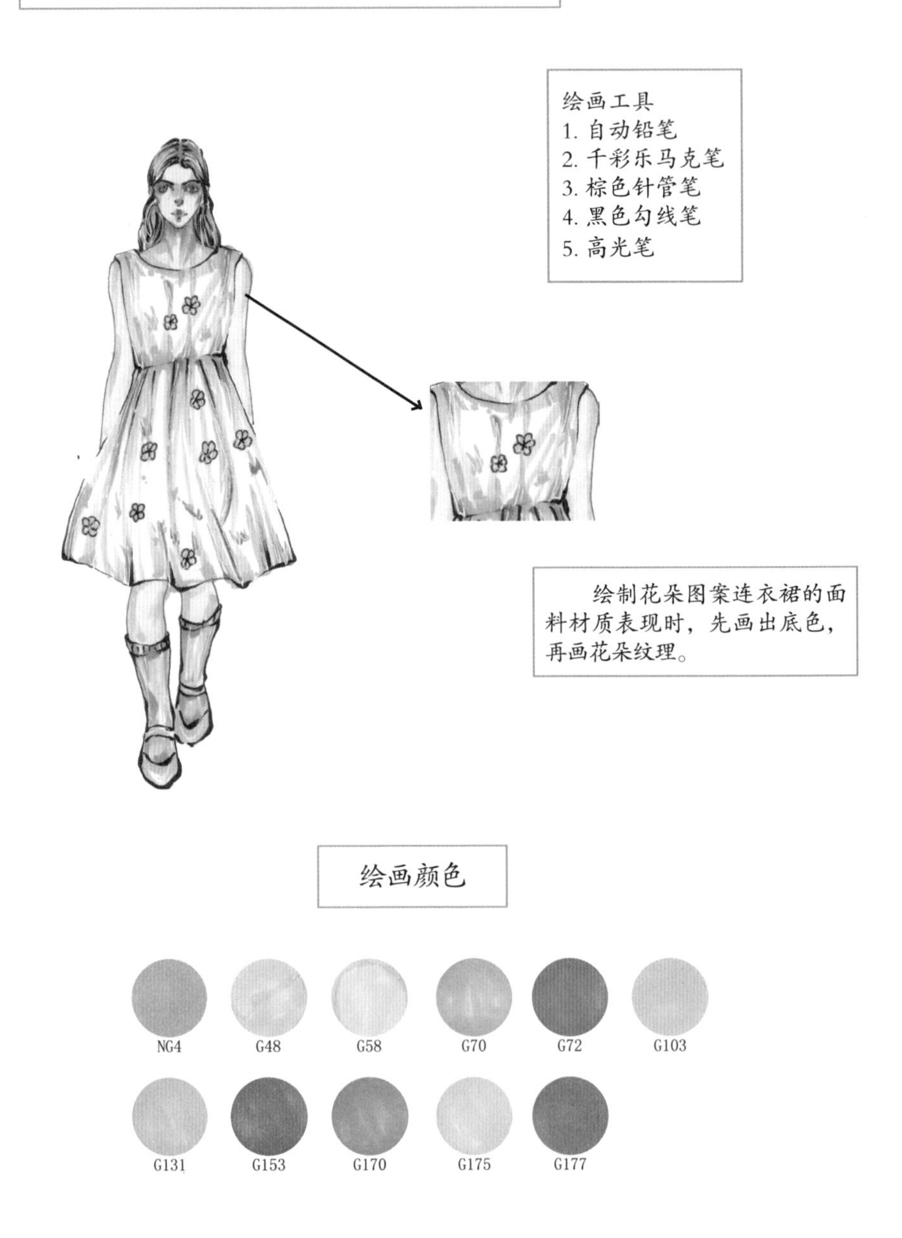

步骤一：用自动铅笔勾勒出头部的轮廓线条，再画出人体的动态表现以及四肢的线条处理。

步骤二：用自动铅笔细致刻画面部五官以及头发的轮廓线条，再画出连衣裙的轮廓线条表现以及鞋子的轮廓线条。

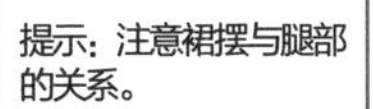

步骤三：用棕色针管笔勾勒出面部五官以及人体的轮廓线条，再用黑色勾线笔画出头发的轮廓线条以及连衣裙的轮廓线条表现。

步骤四：先用G58号色马克笔加深眼部、鼻底、手臂和腿部的暗部颜色，再用G48号色马克笔平铺皮肤的底色。画出头发的颜色：用G170号色马克笔平铺头发的底色，再用G177号色马克笔加深头发的暗面。

步骤五：先用G170号色马克笔画出眼影的颜色，再用NG4号色马克笔画出眼珠的颜色，最后用G72号色马克笔画出嘴唇的固有色。

步骤六：用G70号色马克笔勾勒出连衣裙的暗部阴影颜色。

步骤七：先用G103号色马克笔画出花瓣的图案，再用G131号色、G175号色和G153号色马克笔画出叶子的图案表现。

步骤八：先用G70号色画出袜子的明暗颜色变化，再用NG4号色马克笔画出鞋子的固有色。

步骤九：先用黑色勾线笔勾勒出花瓣的轮廓，再用高光笔画出连衣裙、袜子和鞋子的高光表现。

翻领长袖外套

这款外套采用翻领、中袖和图案面料进行设计，搭配亮丽的格纹图案内搭，整体服装在视觉上面带给人眼前一亮的视觉效果。

绘制要点：
1. 外套的轮廓线条的处理。
2. 腿部的前后空间关系。

绘画工具
1. 自动铅笔
2. 千彩乐马克笔
3. 棕色针管笔
4. 黑色勾线笔
5. 高光笔

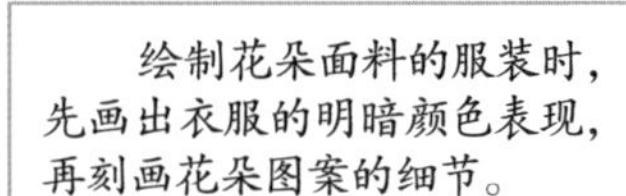
绘制花朵面料的服装时，先画出衣服的明暗颜色表现，再刻画花朵图案的细节。

绘画颜色

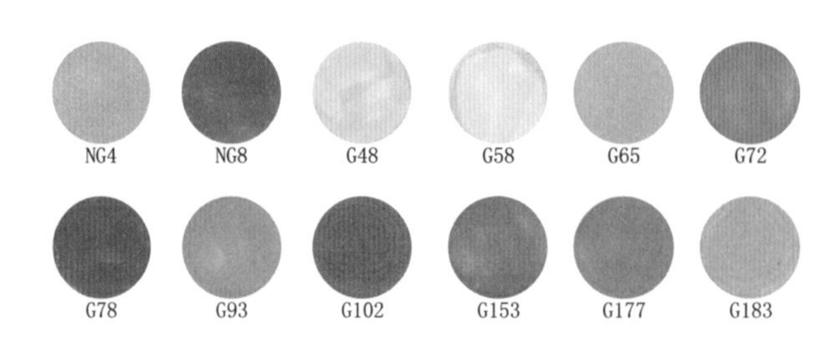

步骤一：用自动铅笔画出头部的轮廓，再根据人体的动态变化表现，画出躯干的线条以及四肢的线条表现。

步骤二：用自动铅笔画出面部五官以及头发的轮廓线条，再画出整体服装的外轮廓线条以及内部的褶皱线，最后画出鞋子的线条。

步骤三：用棕色针管笔画出面部五官以及人体的轮廓线条表现，再用黑色勾线笔画出头发、整体服装和鞋子的轮廓线条表现。

提示：绘制外套内部的褶皱线条时，注意线条的虚实变化处理。

步骤四：画出皮肤的颜色。用 G58 号色马克笔画出眼部、鼻底、脖子、手部和腿部的暗面颜色，再用 G48 号色马克笔平铺皮肤的底色。

步骤五：绘制面部妆容。用 G170 号色马克笔加深眼部的暗面颜色，再用 G183 号色马克笔画出眼珠的颜色，最后用 G72 号色马克笔画出嘴唇的固有色。

步骤六：画出头发的颜色。用 G177 号色马克笔平铺头发的底色，再用 G102 号色马克笔加深头发的暗面颜色。

步骤七：用 G72 号色和 G78 号色马克笔画出内搭服装的颜色表现。

步骤八：用 NG4 号色和 NG8 号色马克笔画出外套的明暗颜色表现。

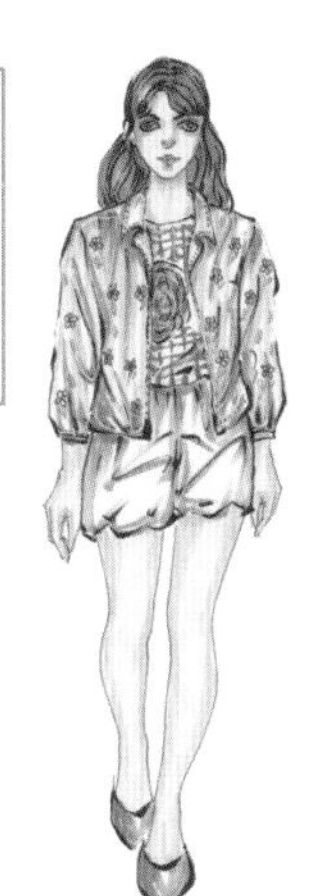

步骤九：先用 G78 号色和 G153 号色马克笔画出外套的图案颜色，再用 G183 号色画出裤子的暗面，用 G93 号色马克笔画出鞋子的固有色，最后用高光笔画出外套的高光颜色。

蓝色长款牛仔裤

这款牛仔裤的设计比较简单，运用线迹的造型表现，搭配运动风格的外套，展现了儿童的青春活泼。

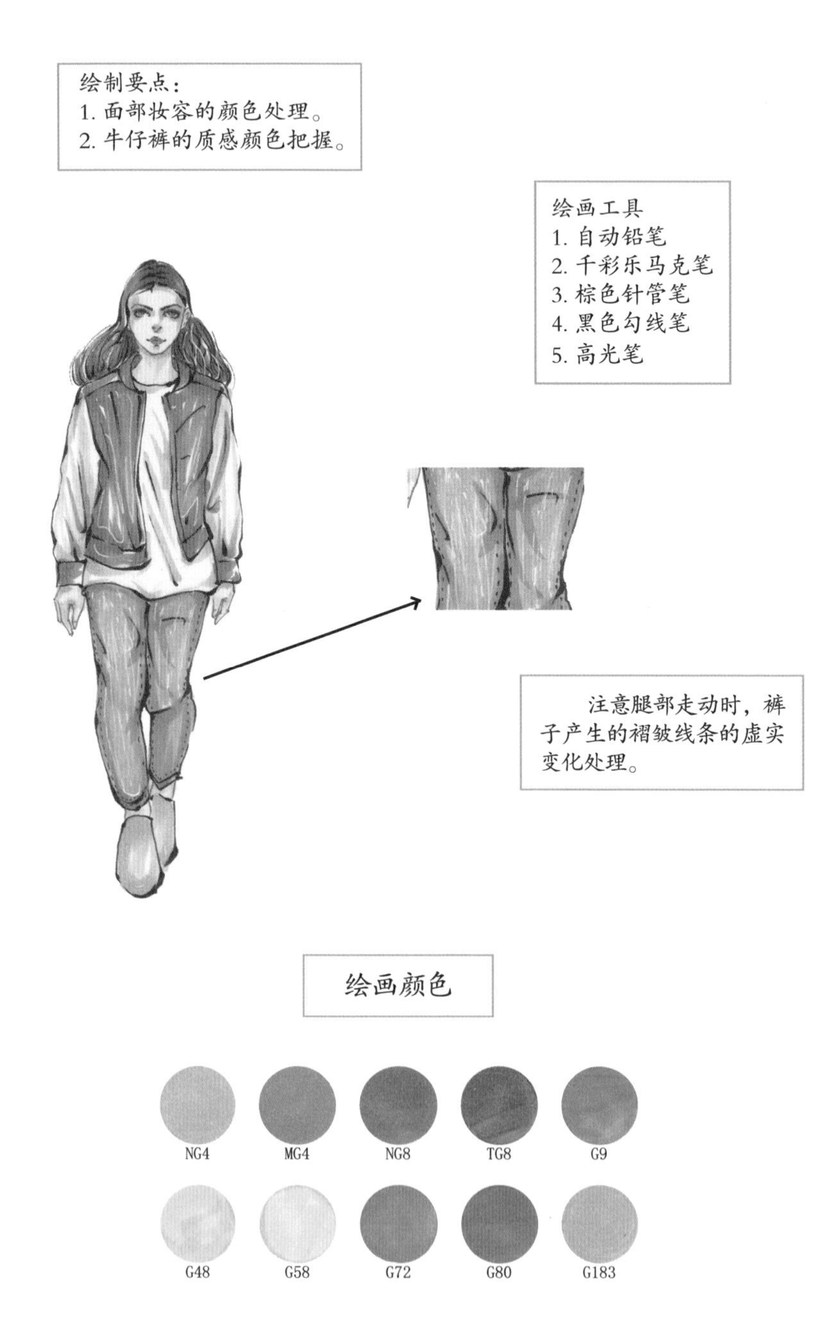

步骤一：用自动铅笔勾勒出头部的轮廓线条，再画出人体的动态表现以及四肢的线条处理。

步骤二：用自动铅笔勾勒出面部五官的轮廓线条以及头发的线条表现，再画出整体服装的线条表现。

提示：绘制头发的线条时，注意发丝的走向表现。

步骤三：先用棕色针管笔画出面部五官以及人体的轮廓线条表现，再用黑色勾线笔画出头发的线条表现以及整体服装的线条表现，最后勾勒出鞋子的线条。

步骤四：先用G48号色马克笔画出皮肤的底色，再用G58号色马克笔加深眼部、鼻底、脖子、手的暗面颜色。

步骤五：画出头发的明暗颜色变化。用MG4号色和TG8号色马克笔画出头发的明暗颜色处理，注意表现头发的体积感。

步骤六：画出面部的妆容。先用G58号色马克笔画出眼部的暗面颜色，再用G183号色马克笔画出眼珠的颜色，最后用G72号色马克笔画出嘴唇的固有色。

步骤七：先用NG4号色马克笔画出内搭服装的暗面，再用G72号色和G80号色马克笔画出外套的明暗颜色变化。

步骤八：先用G183号色马克笔平铺裤子的底色，再用G9号色马克笔画出裤子的暗面颜色。

步骤九：先用NG4号色马克笔画出鞋子的固有色，再用黑色勾线笔勾勒出牛仔裤的线迹，最后用高光笔画出外套、牛仔裤和鞋子的高光。

方领层叠褶皱连衣裙

这款连衣裙采用面料拼接的造型设计，通过亮片材质与雪纺面料的搭配，展现服装整体的可爱亮丽表现。

步骤一：用自动铅笔画出头部的外轮廓线条，再画出人体的动态表现以及四肢的线条，注意两腿的空间变化关系。

步骤二：用自动铅笔画出面部五官以及头发的轮廓线条，再画出连衣裙的外轮廓线条以及内部的褶皱线，最后画出鞋子的线条。

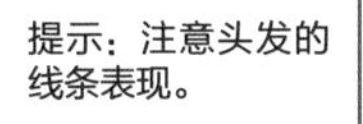

提示：注意头发的线条表现。

步骤三：用棕色针管笔画出面部五官以及人体的轮廓线条表现，再用黑色勾线笔画出头发、连衣裙和鞋子的轮廓线条表现。

步骤四：画出皮肤的颜色。用G58号色马克笔画出眼部、鼻底、脖子、手部和腿部的暗面颜色，再用G48号色马克笔平铺皮肤的底色。

步骤五：绘制面部妆容。用G58号色马克笔加深眼部的暗面颜色，再用G183号色马克笔画出眼珠的颜色，最后用G78号色马克笔画出嘴唇的固有色。

步骤六：画出头发的颜色。用G170号色马克笔平铺头发的底色，再用G177号色马克笔加深头发的暗面颜色。

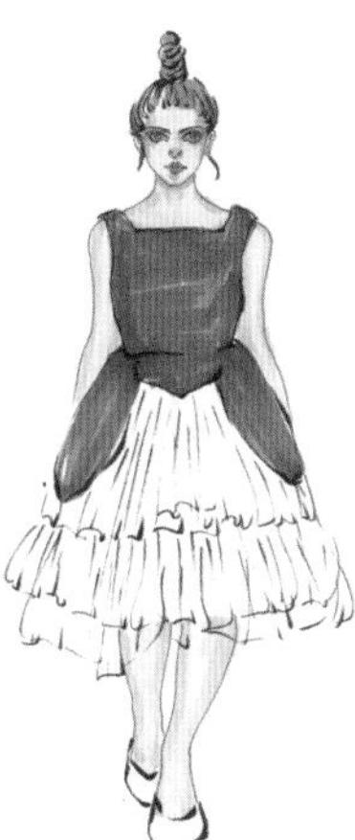

步骤七：先用G72号色和G15号色马克笔画出连衣裙上部分的明暗颜色表现，再用NG4号色马克笔画出内部的细节表现。

步骤八：用G15号色马克笔画出雪纺衫的明暗颜色处理。

步骤九：先用NG4号色马克笔画出鞋子的固有色，再用高光笔画出连衣裙内部的质感表现。

7.2 | 秋冬服装款式表现

秋冬季节的儿童服装对服装面料的要求更高，面料需更加柔暖、舒适，整体的服装搭配的颜色比较深邃。

毛领拼接长袖毛衣

这款毛衣运用毛领的元素设计，搭配简单的裤子设计，整体的服装给人带来视觉上的舒适气质。

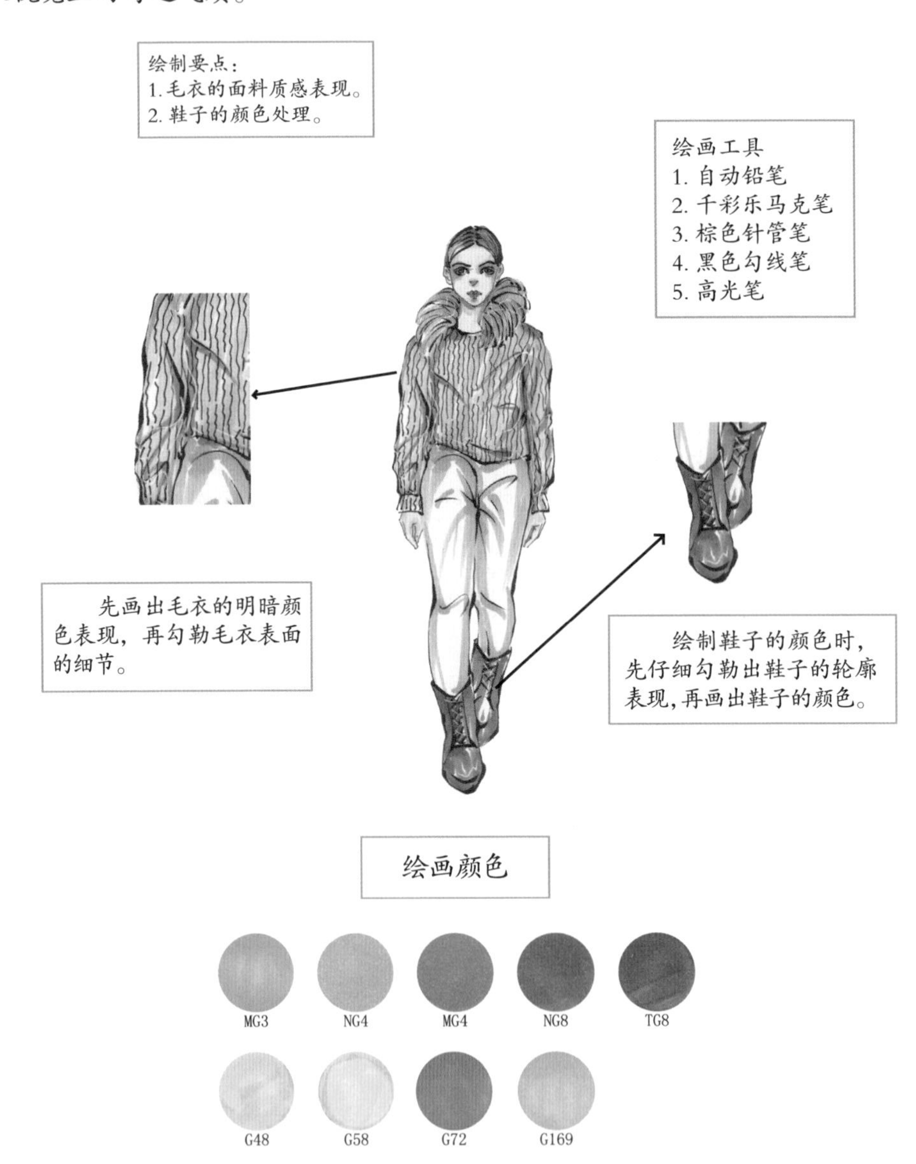

步骤一：先用自动铅笔勾勒出头部的外轮廓形状，再画出躯干的动态变化线条以及四肢的线条表现。

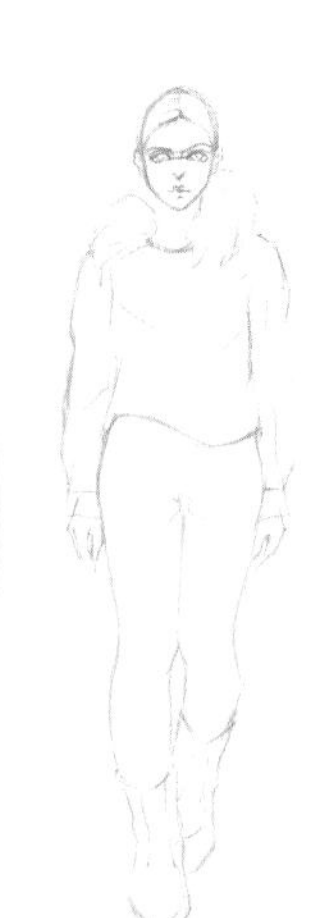

步骤二：用自动铅笔细致刻画五官的线条表现，再画出头发的轮廓线条，最后根据人体动态变化，画出整体服装的轮廓线条以及内部的褶皱线条变化。

步骤三：先用棕色针管笔画出人体的轮廓线条以及五官的线条表现，再用黑色勾线笔画出整体服装的线条变化，以及内部褶皱线的虚实变化。

提示：注意两鞋子的前后空间变化。

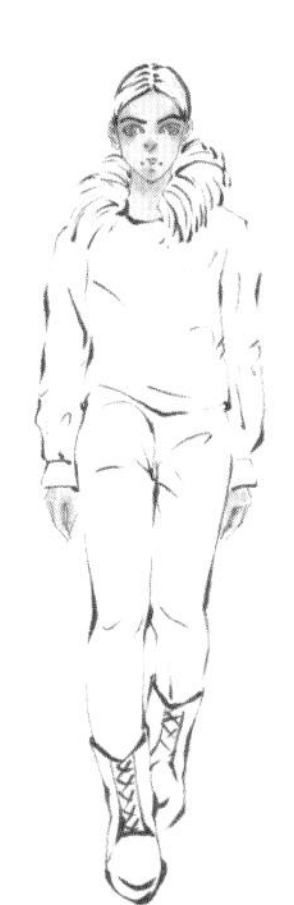

步骤四：先用G48号色马克笔平铺皮肤的底色，再用G58号色马克笔画出皮肤的暗部颜色，暗部颜色的绘制根据光源的变化处理。

步骤五：绘制头发的颜色。先用MG4号色马克笔加深头发的暗面，注意用笔的转折变化，再用MG3号色马克笔画出头发的固有色。

步骤六：绘制面部的妆容颜色。先用G65号色马克笔加深眼窝的暗部，再用NG8号色和G72号色马克笔画出眼珠以及嘴唇的固有色。

步骤七：先用G169号色画出毛领的颜色，再用NG4号色和NG8号色马克笔画出毛衣的明暗颜色表现。

步骤八：用黑色勾线笔勾勒出毛衣的细节线条表现，再用MG3号色马克笔画出裤子的暗部颜色。

步骤九：用MG4号色和TG8号色马克笔画出鞋子的明暗颜色表现，再用高光笔勾勒出毛衣和鞋子的高光表现。

高腰条纹面料休闲裤

这款裤子采用高腰、绑带的造型设计、运用条纹面料的设计，搭配简单的短袖，增加了整体服装的青春气息。

绘制要点：
·裤腿与腿部动态产生的前后空间关系。

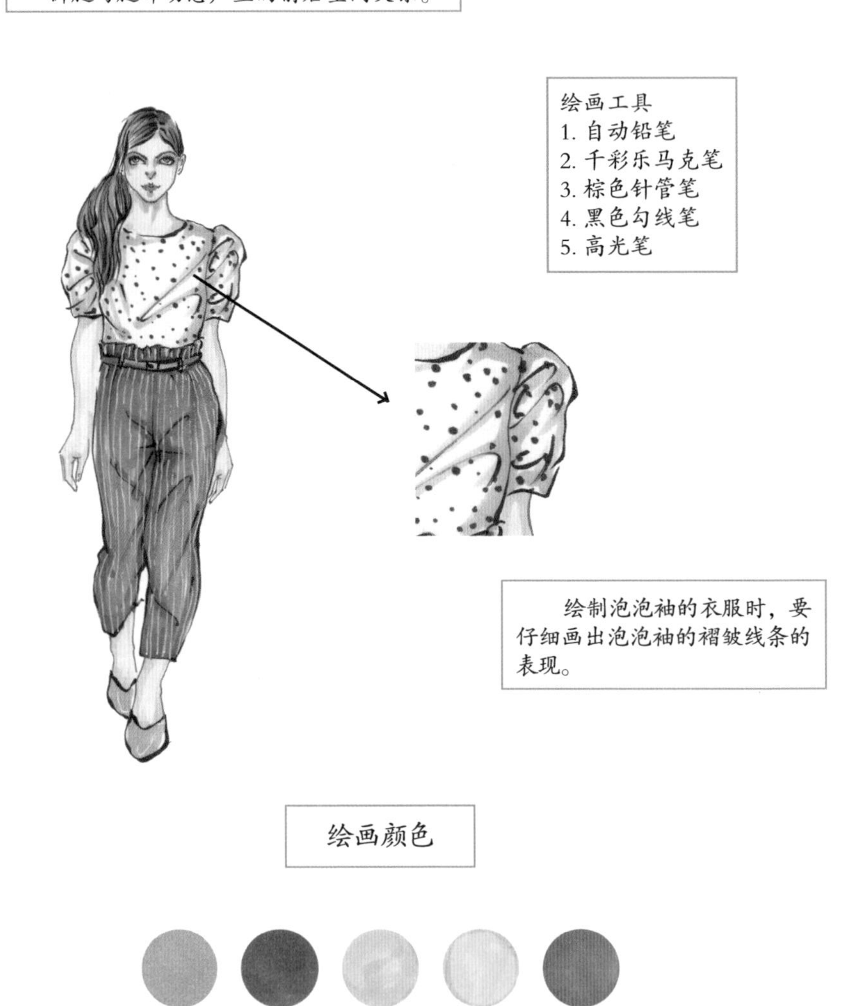

绘画工具
1. 自动铅笔
2. 千彩乐马克笔
3. 棕色针管笔
4. 黑色勾线笔
5. 高光笔

绘制泡泡袖的衣服时，要仔细画出泡泡袖的褶皱线条的表现。

绘画颜色

NG4 NG8 G48 G58 G72

G102 G170 G177 G183 G201

步骤一：先用自动铅笔画出头部的轮廓线条，再根据头部的轮廓线条变化，画出人体的动态变化线条表现。

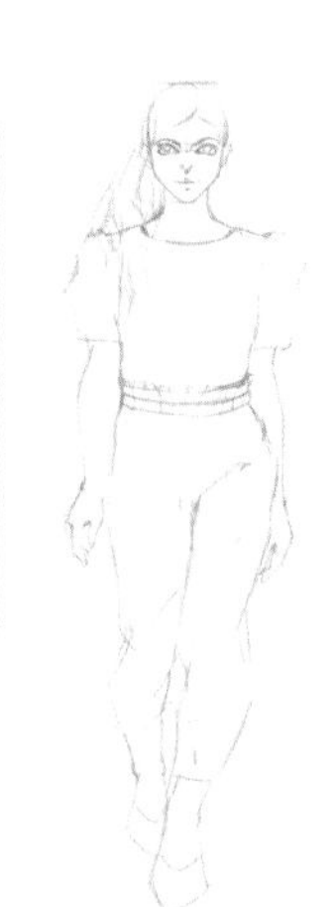

步骤二：用自动铅笔画出面部五官的线条以及头发的线条表现，再画出上衣和裤子的轮廓线条以及内部的细节线条变化。

步骤三：先用棕色针管笔画出人体的轮廓线条以及五官线条，再用黑色勾线笔绘制出头发、整体服装以及鞋子的轮廓线条表现。

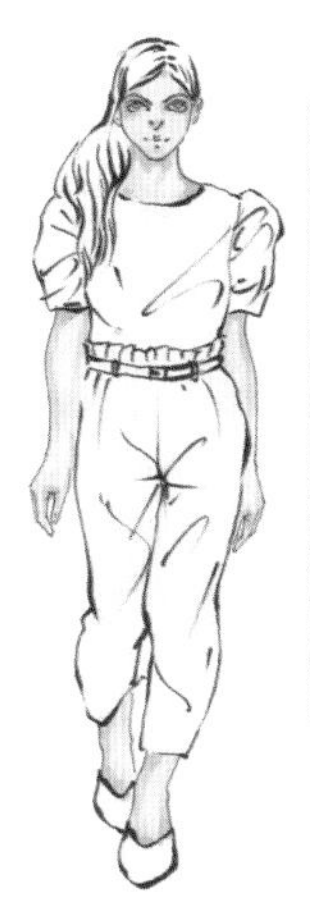

步骤四：绘制皮肤的颜色。用G58号色马克笔加深五官暗面以及脖子、手部和腿部的暗面颜色，再用G48号色马克笔平铺皮肤的底色。

步骤五：画出头发的颜色表现。先用G177号色马克笔平铺头发的底色，再用G102号色马克笔加深头发的暗面，亮面直接留白处理。

步骤六：绘制精致的五官。先用棕色针管笔加深眼睛的轮廓颜色，再用G170号色马克笔画出眼影的颜色变化，最后用G183号色和G72号色马克笔画出眼珠和嘴唇的固有色。

步骤七：先用NG4号色马克笔画出上衣的暗面，再用NG8号色马克笔画出腰带的固有色。

步骤八：先用NG4号色和NG8号色马克笔平铺裤子的明暗颜色表现。

步骤九：先用NG4号色马克笔画出鞋子的固有色，再用G201号色马克笔画出上衣的图案、裤子的条纹形状，最后用高光笔画出裤子和鞋子的高光。

翻领短款牛仔外套

这款牛仔外套采用短裤、翻领的造型设计，搭配同色系的提花连衣裙，展现了儿童的亮丽活泼气质。

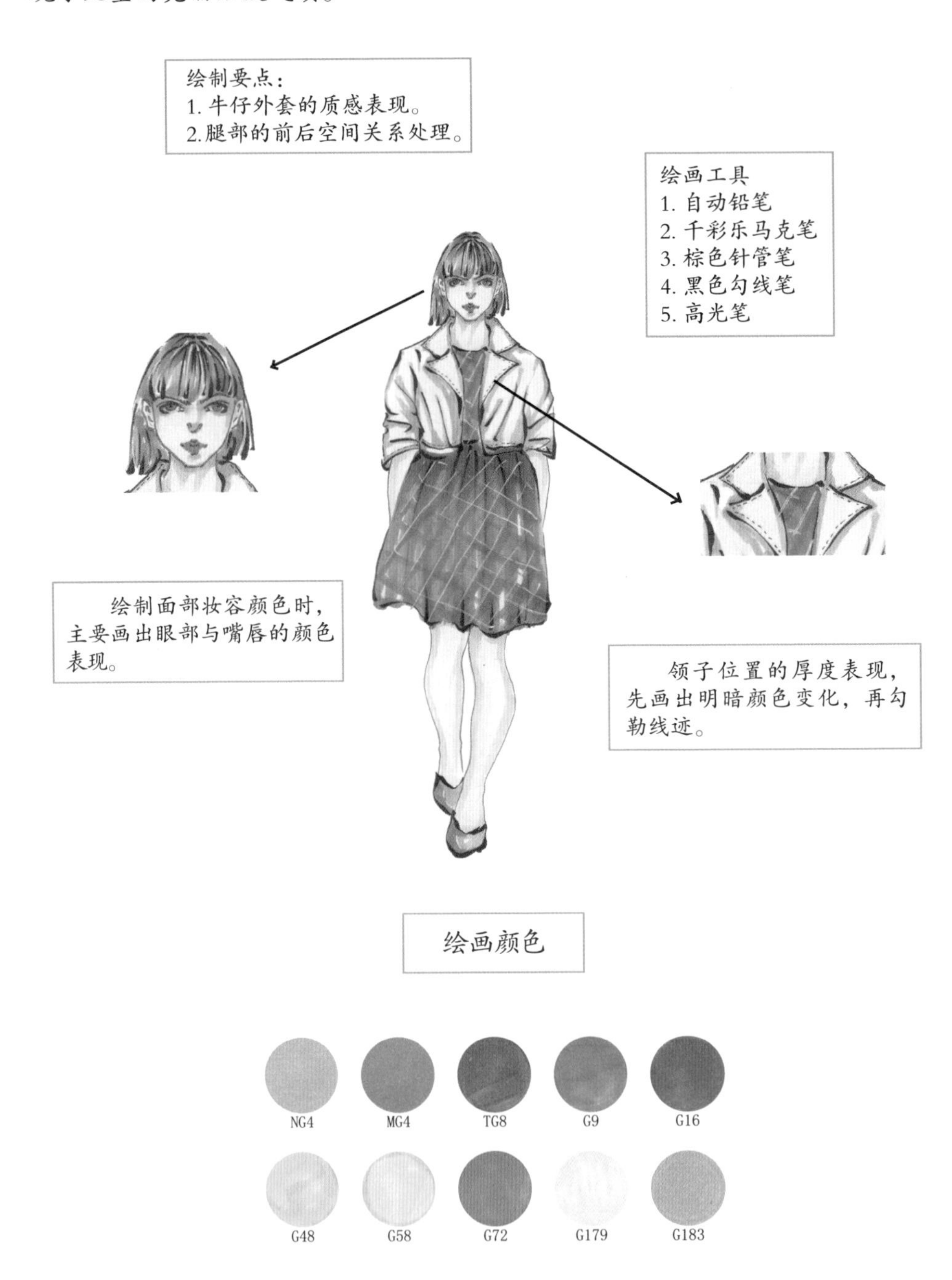

步骤一：用自动铅笔画出头部的轮廓，再画出人体的动态变化表现，注意腿部的前后关系。

步骤二：用自动铅笔画出面部五官以及头发的轮廓线条，再勾勒出连衣裙、外套以及鞋子的轮廓线条变化。

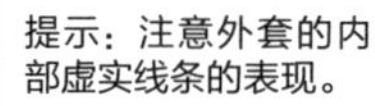

步骤三：先用棕色针管笔勾勒出五官的以及人体的轮廓线条，再用黑色勾线笔画出头发的线条，最后画出连衣裙、外套以及鞋子的轮廓线条表现。

步骤四：画出皮肤的颜色。用 G48 号色马克笔平铺皮肤的底色，再用 G58 号色马克笔画出皮肤的暗部。

步骤五：绘制头发的颜色。先用 TG8 号色马克笔勾勒出头发的暗面，再用 MG4 号色马克笔画出头发的底色，高光位置留白处理。

步骤六：先用 G58 号色马克笔画出眼影的颜色，再用 G183 号色马克笔画出眼珠的颜色，最后用 G72 号色马克笔画出嘴唇的颜色。

步骤七：先用 G179 号色马克笔平铺连衣裙的底色，再用 G183 号色马克笔加深外套的暗颜色。

步骤八：用 G9 号色加深连衣裙的暗部颜色，再用 G16 号色马克笔画出连衣裙的质感表现。

步骤九：先用 NG4 号色马克笔画出鞋子的固有色，再用黑色勾线笔勾勒外套的线迹，最后用高光笔画出连衣裙和鞋子的高光表现。